Programme d'Evaluation Rapide

Rapid Assessment Program

23

Bulletin RAP d'Evaluation Rapide

RAP Bulletin of Biological Assessment

Une Evaluation Biologique de la Réserve Naturelle Intégrale d'Ankarafantsika, Madagascar

A Biological Assessment of the Réserve Naturelle Intégrale d'Ankarafantsika, Madagascar

Leeanne E. Alonso, Thomas S. Schulenberg, Sahondra Radilofe, et Olivier Missa, Editeurs

Center for Applied Biodiversity Science (CABS)

Conservation International

ANGAP, Association Nationale pour la Gestion des Aires Protégées

FOFIFA/Direction des Recherches Forestières et Piscicoles

Ministère des Eaux et Forêts

Université d'Antananarivo

Université de Mahajanga

Parc Botanique et Zoologique de Tsimbazaza

Kreditanstalt für Wiederaufbau

Field Museum

Les RAP Bulletin of Biological Assessment sont publiés par:
Conservation International
Center for Applied Biodiversity Science
Department of Conservation Biology
1919 M Street, NW, Suite 600
Washington DC 20036
Etats-Unis d'Amérique

202-912-1000 telephone
202-912-9773 fax
www.conservation.org
www.biodiversityscience.org

Editeurs: Leeanne E. Alonso, Thomas S. Schulenberg,
    Sahondra Radilofe, et Olivier Missa
Design: Kim Meek
Cartes: Mark Denil
Photo couverture: Thomas S. Schulenberg
Traductions: **Français:** Anitry Ny Aina Ratsifandrihamanana,
    Josette Rahantamalala, et Holisoa Rasamoelina
    Anglais: Leeanne E. Alonso

Conservation International est un organisme privé à but non lucratif exonéré selon la section 501 c(3) du Internal Revenue Code de tout impôt sur les bénéfices.

Conservation International is a private, non-profit organization exempt from federal income tax under section 501 c(3) of the Internal Revenue Code.

Les désignations des entites géographiques dans cette publication et la presentation du matériel ne sous-entendent pas l'expression de toute opinion quelle qu'elle soit de Conservation International ou des organisations qui la soutiennent concernant le statut légal de tout pays, territoire ou région ou encore de ses autorités ou concernant la délimitation de ses frontières ou limites.

The designations of geographical entities in this publication, and the presentation of the material, do not imply the expression of any opinion whatsoever on the part of Conservation International or its supporting organizations concerning the legal status of any country, territory, or area, or of its authorities, or concerning the delimitation of its frontiers or boundaries.

Toutes opinions exprimées dans la série de travaux du RAP sont celles des rédacteurs et ne reflètent pas nécessairement celles de Conservation International ou de ses coéditeurs.

Any opinions expressed in the RAP Bulletin of Biological Assessment Series are those of the writers and do not necessarily reflect those of Conservation International or its co-publishers.

Le Bulletin d'évaluation biologique du RAP portait l'ancien nom de RAP Working Papers. Les numéros 1-13 de cette série ont été publiés sous l'ancien titre de la série.

RAP Bulletin of Biological Assessment was formerly RAP Working Papers. Numbers 1–13 of this series were published under the previous title.

Citation Proposée:
Alonso, L. E., T. S. Schulenberg, S. Radilofe, et O. Missa (eds). 2002. Une Evaluation Biologique de la Réserve Naturelle Intégrale d'Ankarafantsika, Madagascar. Bulletin RAP d'Evaluation Rapide No. 23. Conservation International. Washington, DC.

Suggested citation:
Alonso, L. E., T. S. Schulenberg, S. Radilofe, and O. Missa (eds). 2002. A Biological Assessment of the Réserve Naturelle Intégrale d'Ankarafantsika, Madagascar. RAP Bulletin of Biological Assessment No. 23. Conservation International. Washington, DC.

La Coopération allemande Kreditanstalt für Wiederaufbau (KfW) a généreusement apporté leur soutien financier pour rendre cette expédition possible. La publication de ce rapport a été financé par la générosité de The Moore Family Foundation (USA).

Financial support for the RAP expedition was generously provided by the German Kreditanstalt für Wiederaufbau (KfW). The Moore Family Foundation, USA, supported publication of this report.

Using New Leaf Opaque 60# smooth text paper (80% recycled/60% post-consumer waste), and bleached without the use of chlorine or chlorine compounds results in measurable environmental benefits[1]. For this report, using 1,404 pounds of post-consumer waste instead of virgin fiber saved...

5	Trees
457	Pounds of solid waste
502	Gallons of water
655	Kilowatt hours of electricity (equal to .8 months of electric power required by the average U.S. home)
830	Pounds of greenhouse gases (equal to 672 miles travelled in the average American car)
4	Pounds of HAPs, VOCs, and AOX combined
1	Cubic yard of landfill space

[1] Environmental benefits are calculated based on research done by the Environmental Defense Fund and the other members of the Paper Task Force who studied the environmental impacts of the paper industry. Contact the EDF for a copy of their report and the latest updates on their data. Trees saved calculation based on trees with a 10" diameter. Actual diameter of trees cut for pulp range from 6" up to very large, old growth trees. Home energy use equivalent provided by Pacific Gas and Electric Co., San Francisco. Hazardous Air Pollutants (HAPs), Volatile Organic Compounds (VOCs), and Absorbable Organic Compounds (AOX). Landfill space saved based on American Paper Institute, Inc. publication, *Paper Recycling and its Role in Solid Waste Management.*

Table des Matières

Participants et Auteurs

Leeanne E. Alonso (Editeur)
Rapid Assessment Program
Center for Applied Biodiversity Science
Conservation International
1919 M Street NW, Suite 600
Washington, DC 20036-3521
l.alonso@conservation.org

Lanto Andriamampianina (Insectes section Cicindèles)
Wildlife Conservation Society
B.P. 8500
Antananarivo 101, Madagascar
wcsmad@bow.dts.mg

Lanto Andriambelo (Ecologie Forestière)
Département des Eaux et Forêts
ESSA
Université d'Antananarivo
B.P. 906
Antananarivo 101, Madagascar

Steven M. Goodman (Micromammifères)
Field Museum of Natural History
1400 South Lake Shore Dr.
Chicago, IL 60605, USA
et
WWF Aires Protégées
B.P. 738
Antananarivo 101, Madagascar
SGoodman@wwf.mg

Lee Hannah
Center for Applied Biodiversity Science
Conservation International
1919 M Street NW, Suite 600
Washington, DC 20036-3521
l.hannah@conservation.org

Wilson R. Lourenço (Scorpions)
Laboratoire de Zoologie (Arthropodes), M.N.H.N.
61, rue de Buffon
75005 Paris, France
arachne@mnhn.fr

Olivier Missa (Editeur)
Rapid Assessment Program
Center for Applied Biodiversity Science
Conservation International
1919 M Street NW, Suite 600
Washington, DC 20036-3521
Olimissa@yahoo.com

Raymond Rabevohitra (Taxinomie, plantes ligneuses)
Direction des Recherches Forestières et Piscicoles
FOFIFA
Ambatobe
Antananarivo 101, Madagascar

Nirhy Rabibisoa (Reptiles et Amphibiens)
Laboratoire de Biologie des Populations Terrestres
Département de Biologie Animale
Faculté des Sciences
Université d'Antananarivo
B.P. 906
Antananarivo 101, Madagascar

Sahondra Radilofe (Editeur)
Conservation International-Madagascar
B. P. 5178
Antananarivo 101, Madagascar

Grâce Rahajasoa (Taxinomie, plantes herbacées)
Conservation International-Ankarafantsika
Conservation International-Madagascar
B.P. 5178
Antananarivo 101, Madagascar

Jeannine Raharimalala (Taxinomie, plantes herbacées décédée)
Parc Botanique et Zoologique de Tsimbazaza
Antananarivo, Madagascar

Gabrielle Rajoelison (Ecologie Forestière)
Département des Eaux et Forêts
ESSA
Université d'Antananarivo
B.P. 906
Antananarivo 101, Madagascar
agro.for@bow.dts.mg

Daniel Rakotondravony (Micromammifères)
Département de Biologie Animale
Faculté des Sciences
Université d'Antananarivo
B.P. 906
Antananarivo 101, Madagascar

Jean-Baptiste Ramanamanjato (Reptiles et Amphibiens)
Laboratoire de Biologie des Populations Terrestres
Département de Biologie Animale
Faculté des Sciences
Université d'Antananarivo
B.P. 906
Antananarivo 101, Madagascar
jb-rama@dts.mg

Harison Randrianasolo (Oiseaux)
Laboratoire de Biologie des Populations Terrestres
Département de Biologie Animale
Faculté des Sciences
Université d'Antananarivo
B.P. 906
Antananarivo 101, Madagascar

Volomboahangy Randrianjafy (Micromammifères)
Département de Biologie Animale
Faculté des Sciences
Université de Mahajanga
Mahajanga 410, Madagascar

Ranjakason (Insectes section Lépidoptères)
Logement No. 7
Cité des Professeurs, Andovinjo
Mahajanga 410, Madagascar

Rodin Rasoloarison (Lémuriens)
Laboratoire de Paléontologie
Université d'Antananarivo
B.P. 906
Antananarivo 101, Madagascar

Norbert Razafindrianilana (Taxinomie, plantes ligneuses)
Direction des Recherches Forestières et Piscicoles
FOFIFA
Ambatobe
Antananarivo 101, Madagascar

Jutta Schmid (Lémuriens)
Deutsches Primatenzentrum
Kellnerweg 4
37077 Göttingen, Allemagne
et
Institut de Zoologie—Ecologie et Conservation
Zoologisches Institut Hamburg
Universität Hamburg
Martin-Luther King Platz 3
20146 Hamburg, Allemagne
actuel:
University of Ulm
Department of Experimental Ecology
Albert Einstein Allee 11
D-89069 Ulm
jutta.schmid@biologie.uni-ulm.de
ou jutta.schmid@t-online.de

Thomas S. Schulenberg (Oiseaux, Editeur)
Environmental and Conservation Programs
Field Museum of Natural History
1400 South Lake Shore Drive
Chicago, IL 60605, USA
tschulenberg@fmnh.org

Profil des Organisations

Conservation International

Conservation International (CI) est un organisme international non-governemental à but non lucratif basé à Washington, DC, Etats-Unis. CI demeure convaincu que les générations futures ne pourront prospérer spirituellement, culturellement et économiquement que si l'héritage naturel mondial est maintenu. CI a pour mission de préserver l'héritage naturel et la diversité biologique de notre planète, ainsi que de démontrer que les êtres humains et leurs sociétés sont capables de vivre en parfaite harmonie avec la nature.

Conservation International
1919 M Street, NW, Suite 600
Washington DC 20036
Etats-Unis d'Amérique
(1) 202-912-1000 (téléphone)
(1) 202-912-0773 (fax)
http://www.conservation.org

Conservation International Madagascar
B.P. 5178
Antananarivo 101
Madagascar
(261) 20 22 204 22/22 786 05 (téléphone)
(261) 20 22 204 22 (fax)
cimaddst@dts.mg

ANGAP, Association Nationale pour la Gestion des Aires Protégées

Créé en juin 1990, l'ANGAP est un organisme non gouvernemental dont le but principal est la conservation de l'Aire Protégée. ANGAP est l'agence d'exécution de la Composante Aires Protégées et Ecotourisme au cours de la phase II du PAE (1997-2001). La composante a pour mission d' "établir, conserver et gérer de manière durable un réseau national de Parcs et Réserves représentatif de la biodiversité biologique et du patrimoine naturel propre à Madagascar." Ces Aires Protégées, source de fierté nationale pour les générations présentes et futures, doivent être des lieux de préservation, d'éducation, de récréation et contribuer au développement des communautés riveraines et à l'économie régionale et nationale.

ANGAP (Association Nationale pour la Gestion des Aires Protégées)
B.P. 1424
Antananarivo 101
Madagascar
(261) 20 22 415 54 (téléphone)
(261) 20 22 415 38 (Fax)
angap@bow.dts.mg

FOFIFA/Direction des Recherches Forestieres et Piscicoles

FOFIFA, Foibe Fampandrosoana sy Fikarohana ny eny Ambanivohitra, est le Centre National de Recherche d'Agronomie pour le Développement Rural. Il est associé à la Direction des Ressources Forestières et Piscicoles (DRFP).

FOFIFA/Direction des Recherches Forestières et Piscicoles
B.P 904 - Ambatobe
Antananarivo 101
Madagascar
Ministere des Eaux et Forets
MEF (Ministère des Eaux et Forêts)
B.P 243
Antananarivo 101
Madagascar
Tel: 261 20 22 645 88/ 22 645 86
e-mail: foretmin@dts.mg

Université d'Antananarivo

L'Université d'Antananarivo fut la première université malgache établie en 1956. Le Département de Biologie Animale a été le département associé à ce programme d'inventaire biologique rapide dans la réserve d'Ankarafantsika.

Université d'Antananarivo
B.P. 906
Antananarivo 101
Madagascar

Université de Mahajanga

L'Université de Mahajanga est une des universités des provinces de Madagascar dans l'élan de la création de l'Université d'Antananarivo. La filière des Sciences Naturelles inaugura sa première session en 1984-85.

Université de Mahajanga
Ambondrona
Mahajanga 501
Madagascar

Parc Botanique et Zoologique de Tsimbazaza

La mission du Parc Botanique et Zoologique de Tsimbazaza est d'être une ressource majeure pour le peuple malgache en préservant et exposant les plantes et animaux de Madagascar. Il tient aussi à souligner l'importance de l'éducation environnementale. Le parc possède la plus vieille et la plus large collection d'espèces malgaches. Elle demeure donc une source essentielle pour les conservateurs, les chercheurs et les étudiants. Le parc s'évertue également à éduquer le public sur la richesse et la rareté, l'importance et la beauté des plantes et animaux malgaches, la culture et l'environnement du pays, et leur avenir.

Parc Botanique et Zoologique de Tsimbazaza
P.O. Box 4096
Antananarivo 101
Madagascar

Kreditanstalt für Wiederaufbau

La République Fédérale d'Allemagne soutient les politiques de progrès dans les pays en voie de développement, par le biais du KfW. Le rayon d'actions du KfW regroupe les investissements financiers et les projets relatifs aux audits afin d'améliorer les infrastructures sociales, économiques et industrielles des pays en voie de développement. KfW porte aussi un intérêt majeur à la protection de l'environnement et des ressources naturelles. KfW détermine les projets à financer selon un critère basé sur la politique de développement, assiste les pays partenaires à implémenter ces projets et évalue leur succès une fois ceux-ci complétés.

Kreditanstalt für Wiederaufbau (KfW)
Palmengartenstrasse 5-9
60325 Frankfurt am Main
République Fédérale d'Allemagne
Postfach 11 11 41
60046 Frankfurt am Main
République Fédérale d'Allemagne
(49) 69 74 31-0 (téléphone)
(49) 69 74 31 29 44 (fax)

Field Museum

Le Field Museum of Natural History (FMNH) est une institution vouée à l'éducation, centrée sur la diversité et les relations dans la nature et entre cultures différentes. Combinant les domaines de l'anthropologie, la botanique, la géologie, la paléontologie et la zoologie, le Musée applique une approche pluridisciplinaire pour augmenter nos connaissances du passé, du présent et de l'avenir de la Terre, les plantes, les animaux, les hommes et leurs cultures. Son objectif est ainsi de faire connaître l'étendue et le caractère de la diversité biologique et culturelle; les similarités et inter-dépendances afin que nous puissions mieux comprendre; respecter et célébrer la nature et les autres peuples. Ses collections, ses programmes éducatifs publics et ses programmes de recherches sont étroitement liés pour servir un public diversifié du point de vue de l'âge, de l'expérience et de la connaissance.

Field Museum
1400 South Lake Shore Drive
Chicago, IL 60657 USA
312-922-9410
312-665-7932 (fax)
http://www.fieldmuseum.org/

Ministère des Eaux et Forêts

MEF (Ministère des Eaux et Forêts)
B.P. 243
Antananarivo 101
MADAGASCAR
Tel: 261 20 22 645 88/ 22 645 86
e-mail: foretmin@dts.mg

Remerciements

Les investigations biologiques qui forment le corps de ce rapport ont été facilitées par le support et l'assistance de nombreuses organisations et individus.

Nous tenons en premier lieu à présenter des remerciements soutenus pour la collaboration de l'ensemble des membres de la commission tripartite. Le concours de l'Association Nationale pour la Gestion des Aires Protégées (ANGAP), et la participation active de la Direction des Eaux et Forêts (DEF) et de l'Université d'Antananarivo ont permis ces recherches.

Le projet de Conservation International (CI) à Ankarafantsika n'aurait pu être mis en place sans l'appui financier majeur de la Coopération allemande Kreditanstalt für Wiederaufbau (KfW). La publication de ce rapport a été financé par la générosité de The Moore Family Foundation (USA).

Les membres associés de l'équipe sont aussi à remercier pour le travail et l'effort qu'ils ont fournis afin de collecter et analyser l'ensemble de ces travaux. Lanto Andriamampianina de Wildlife Conservation Society, Steven M. Goodman du Field Museum of Natural History de Chicago, Jutta Schmid du Deutsches Primatenzentrum, et Holisoa Rasamoelina de CI-DC.

Certains départements de l'Université d'Antananarivo et de l'Université de Mahajanga ont pourvoyé leurs éléments les plus compétents. Pour l'Université d'Antananarivo—Lanto Andriambelo et Gabrielle Rajoelison de ESSA—Jean-Baptiste Ramanamanjato, Daniel Rakotondravony, et Harison Randrianasolo du Département de Biologie Animale—Nirhy Rabibisoa du Laboratoire de Biologie des Populations Terrestres—Rodin Rasoloarison du Laboratoire Paléontologie et Ranjakason de Cité des Professeurs, Andovinjo. Pour l'Université de Mahajanga—Volomboahangy Randrianjafy du *Département de Biologie Animale.*

La Direction des Recherches Forestières et Piscicoles de la FOFIFA a aussi eu une part active dans ces recherches—Raymond Rabevohitra et Norbert Razafindrianilana.

L'équipe de Conservation International Madagascar a été représentée par Grâce Rahajasoa.

Nous tenons à remercier Thomas Schulenberg, Conservation International et membre professeur du Field Museum of Natural History of Chicago pour ses conseils précieux dans la réalisation du RAP.

Nous tenons spécialement à remercier et dédier cet écrit à la mémoire de Jeannine Raharimalala, Parc Botanique et Zoologique de Tsimbazaza.

Rapport Succinct

Une evaluation biologique de la Réserve Naturelle Intégrale d'Ankarafantsika, Madagascar

1.   Dates des études
Expédition d'évaluation rapide du 3–24 février 1997

2.   Description du site
Les forêts du plateau d'Ankarafantsika sont situées dans la partie nord ouest de Madagascar entre les rivières Betsiboka et Mahajamba et constituent l'une des deux plus grandes forêts sèches restantes dans l'ouest de Madagascar. Plus de 100.000 ha de ces forêts étaient protégées en 1927 lorsque le Complexe des Aires Protégées d'Ankarafantsika fut établi en un complexe comprenant deux aires protégées, une réserve naturelle intégrale (RNI) et une réserve forestière (RF) adjacente où l'exploitation du bois était autorisée. Le plateau s'élève à environ 250 mètres au-dessus de la plaine déserte avec un point culminant de près de 350 mètres au-dessus du niveau de la mer. Les bords du plateau sont abrupts à l'est et au sud, formant des falaises à plusieurs endroits, alors que les pentes sont plus douces au nord et à l'ouest. Les rivières coulant d'Ankarafantsika entraînent des sédiments considérables qui sont retenus par dans les marécages à raphia où les rivières prennent fin—c'est un service environnemental vital qui garantit la protection des rizières de la plaine de Marovoay située en-dessous de la réserve. L'équipe du RAP ont étudié trois sites au sein du la réserve: Ankarokaroka, Lac Tsimaloto, et Antsiloky.

3.   Les objectifs des évaluations rapides
La RNI d'Ankarafantsika est d'une importance stratégique pour la conservation des forêts sèches de l'ouest de Madagascar et de la faune qui leur est associée. Cependant la réserve est menacée et sujette à de fortes pressions causées par la production de charbon de bois, l'exploitation forestière, l'expansion de pâturage et la collecte de produits forestiers. A chaque saison sèche, la réserve est aussi exposée à de sévères incendies provoqués par les hommes. Malgré son importance pour la conservation, reconnue au niveau national, la réserve possède une faune et une flore encore mal connues.

La plupart des recherches ont été effectuées autour de la station forestière d'Ampijoroa et l'on ne sait pratiquement rien des animaux et des plantes vivant dans la réserve, au-delà de la station. Ce manque d'information biologique nuit inévitablement aux efforts entrepris pour gérer de manière efficace les ressources biologiques de la réserve. L'expédition d'évaluation rapide avait donc pour objectif de collecter des informations sur l'étendue de la diversité biologique de la RNI et la RF d'Ankarafantsika et d'examiner comment l'impact des activités humaines sur cette biodiversité.

4.   Les principaux résultats
Une grande variété d'habitats et de taxons terrestres ont été observés pendant l'étude dont des formations xérophytiques, semi-décidues, des marécages et des forêts galerie, des savanes, avec des degrés de perturbation allant de faible à sévère. Chaque habitat était évalué par rapport aux plantes (ligneuses et herbacées), aux invertébrés (scorpions et cicindèles), aux reptiles, amphibiens, micro-mammifères, lémuriens et oiseaux. L'hétérogénéité environnementale a été reconnue différemment pour chaque taxon. Pour la plupart des taxons, le site le moins perturbé, Tsimaloto, possédait le plus fort degré de diversité. Toutefois, les deux sites ayant un degré de perturbation supérieur étaient également importants pour certains taxons, ce qui souligne l'importance d'un plan de conservation intégré couvrant tous les habitats présents dans la RNI d'Ankarafantsika.

Au total, nous avons observé 604 espèces. Plusieurs de ces espèces pourraient être nouvelles, en particulier trois reptiles, deux amphibiens, et peut-être deux lémuriens. Nous avons aussi constaté une extension du territoire d'un cicindèle et ajouté plusieurs nouveaux relevés d'espèces pour la région. La réserve abrite plusieurs espèces d'importance mondiale, comme la mésite variée (*Mesitornis variegata*), le vanga de Van Dam (*Xenopirostris damii*) et le lémurien *Eulemur mongoz*. La survie des plusieurs espèces endémiques locales serait menacée si tous les types d'habitats présents dans la réserve ne sont pas préservés.

En général, la diversité des espèces endémiques, rares ou en danger était élevée, soulignant encore l'importance de la réserve pour la conservation à Madagascar.

Nombres d'espèces relevées:

Plantes	441 espèces
Lémuriens	7 espèces
Micromammifères	14 espèces
Oiseaux	69 espèces
Amphibiens	12 espèces
Reptiles	47 espèces
Cicindèles	12 espèces
Scorpions	2 espèces

Nouvelles espèces découvertes:

Lémuriens	Peut-être deux espèces ou sous-espèces de *Microcebus*
Amphibiens	*Boophis* sp.
	Stumpffia sp.
Reptiles	*Alluaudina* sp. (serpent)
	Voeltzkowia sp. (scinque)
	Paroedura sp. (gekko)

Nouveaux relevés d'espèces pour la RNI d'Ankarafantsika:

Micromammifères	*Geogale aurita* (insectivore)
Oiseaux	*Accipiter henstii* (Autour de Henst)
	Falco concolor (Faucon concolore)
	Coturnix delegorguei (Caille arlequine)

Espèces endémiques à la region:

Lémuriens	*Eulemur mongoz*
Micromammifères	*Macrotarsomys ingens*
Oiseaux	*Xenopirostris damii* (Vanga de Van Dam)
Reptiles	*Brookesia decaryi* (caméléon)
	Furcifer rhinoceratus (caméléon)
	Pygomeles petteri (scinque)
	Voeltzkowia mira (scinque)
Cicindèles	*Stenocosmia angustata*
	Chaetotaxis descarpentriesi

5. Recommandations pour la Conservation

La Réserve Naturelle Intégrale d'Ankarafantsika nécessite une protection contre la déforestation, l'expansion des pâturages de zébus et les feux, en particulier aux environs d'Ankarokaroka mais également dans les sites moins perturbés tels que Tsimaloto et Antsiloky. Nous encourageons aussi les efforts destinés à agrandir les zones forestières de la réserve aux dépens des savanes qui sont pauvres en espèces et peu importantes pour la survie des espèces rares ou localement endémiques. Toutefois, ces objectifs ne seront réalisés que si des alternatives durables de subsistance sont offertes aux populations locales. Une approche qui pourrait être efficace serait de développer un projet d'écotourisme dans la réserve, pour ainsi faire bénéficier immédiatement les communautés locales.

Report at a Glance

(Anglais)

A Biological Assessment of the Réserve Naturelle Intégrale d'Ankarafantsika, Madagascar

1. Dates of Studies
RAP Expedition: 3–24 February, 1997

2. Description of Location
The forests of the Ankarafantsika plateau region are located in northwestern Madagascar between the Betsiboka and Mahajamba rivers and are one of the two largest remaining expanses of dry woodlands in western Madagascar. Over 100,000 ha of this forest were protected in 1927 when the Complex des Aires Protegées d'Ankarafantsika was established as a complex of two protected areas, a Strict Nature Reserve (Réserve Naturelle Intégrale–RNI) and an adjoining Forest Reserve (Réserve Forestière–RF), where wood exploitation is permitted. The plateau rises approximately 250 meters above the surrounding treeless plain with a peak at about 350 meters above sea level. The plateau margins are abrupt on the east and south forming cliffs in many places, but more gentle on the north and west. The rivers flowing from Ankarafantsika carry a substantial sediment load which is trapped in raphia river-bottom wetlands—providing a key environmental service to the rice fields in the plains of Marovoay below the reserve. Three sites were surveyed during the RAP expedition: Ankarakaroka, Lac Tsimaloto, and Antsiloky.

3. Reason for RAP Studies
The RNI d'Ankarafantsika is of strategic importance for the conservation of dry woodlands in Western Madagascar and its associated fauna, but is threatened and under heavy pressure for charcoal, timber, pasture and wild forest products. It is also subject to severe human-induced fires each dry season. Despite its recognized national importance for conservation, the Reserve has a remarkably poorly known flora and fauna.

Most of the research has been carried out around the forestry station of Ampijoroa and virtually nothing is known of the animals and plants living in the Reserve beyond the station. This lack of biological information inevitably impedes efforts to effectively manage the biological resources of the Reserve. The RAP expedition thus set out to document the extent of RNI and RF d'Ankarafantsika's biological diversity and how they are impacted by human activities.

4. Major Results
A great variety of terrestrial habitats and taxa were observed during the RAP survey, including xerophytic, semi-deciduous, marsh and gallery forests, savannas, at various degree of disturbance from light to severe. Each habitat was evaluated with respect to plants (both woody and herbaceous), invertebrates (tiger beetles and scorpions), reptiles, amphibians, small mammals, lemurs and birds. Environmental heterogeneity was recognized differently by each taxon. For most taxa, the least disturbed site, Tsimaloto, was the most diverse. However, the two sites with more disturbance were important for some taxa as well, emphasizing the importance of an integrated conservation plan covering all habitats present in the RNI and RF d'Ankarafantsika.

In total, the RAP team documented 604 species. Several of these species may be new to science, namely three reptiles, two amphibians, and possibly two lemurs. The RAP team also recorded range extensions for one tiger beetle and added numerous new species records for the region. The RNI d'Ankarafantsika harbors several species of international concern, including the White-breasted Mesite (*Mesitornis variegata*), Van Dam's Vanga (*Xenopirostris damii*), and the Mongoose Lemur (*Eulemur mongoz*). Survival of several local endemics will be threatened if the full range of habitats present in the Reserve is not preserved.

Overall, the diversity of endemic, rare or endangered species was great, underscoring the Reserve's importance for conservation in Madagascar.

Numbers of species recorded:

Plants	441 species
Lemurs	7 species
Small mammals	14 species
Birds	69 species
Amphibians	12 species
Reptiles	47 species
Tiger beetles (Cicindelidae)	12 species
Scorpions	2 species

New species discovered:

Lemurs	Possibly two species or subspecies of *Microcebus*
Amphibians	*Boophis* sp.
	Stumpffia sp.
Reptiles	*Alluaudina* sp. (snake)
	Voeltzkowia sp. (skink)
	Paroedura sp. (gekko)

New records for the RNI d'Ankarafantsika:

Small mammals	*Geogale aurita* (insectivore)
Birds	*Accipiter henstii* (Henst's Goshawk)
	Falco concolor (Sooty Falcon)
	Coturnix delegorguei (Harlequin Quail)

Species endemic to the area:

Lemurs	*Eulemur mongoz*
Small mammals	*Macrotarsomys ingens* (to Ankarafantsika plateau)
Birds	*Xenopihostris damii*
Reptiles	*Brookesia decaryi* (chameleon)
	Furcifer rhinoceratus (chameleon)
	Pygomeles petteri (skink)
	Voeltzkowia mira (skink)
Tiger beetles	*Stenocosmia angustata*
	Chaetotaxis descarpentriesi

5. Conservation Recommendations

The Réserve Naturelle Intégrale d'Ankarafantsika requires protection from deforestation, cattle grazing and fires, in particular near Ankarokaroka but also in the less disturbed sites such as Tsimaloto and Antsiloky. We also encourage efforts to expand the forest components of the Reserve at the expense of open savannas, which are poor in species and not critical for the survival of local endemics or rare species. However, these goals will only be achieved if alternative means of subsistence are available to local human populations. One approach that may be invaluable in this regard is the setting up of an ecotourism project in the Reserve that would immediately benefit local communities.

Résumé Executif

Introduction

Le Complexe des Aires Protégées d'Ankaranfantsika (CAPA) est vital pour la conservation de l'environnement et le développement économique du nord ouest de Madagascar. Au sein du CAPA, les forêts du plateau d'Ankarafantsika sont l'une des deux plus grandes forêts de l'ouest de Madagascar. Ces forêts protègent les bassins versants de la deuxième région productrice de riz à Madagascar, sont source importante de bois et autres produits forestiers pour la région, et font directement vivre plus de 20.000 malgaches qui en dépendent pour leur nourriture, leur bois, leur eau et leur source d'énergie.

Avec une superficie de presque 200.000 hectares, le CAPA comprend un complexe de deux aires protégées, la Réserve Naturelle Intégrale (RNI) d'Ankarafantsika et la Réserve Forestière (RF) adjacente d'Ankaranfantsika. Une proposition pour la création du Parc National d'Ankarafantsika dans cette region est actuellement étudiée par le Conseil Supérieur pour la Protection de Nature à Madagascar.

En 1997, le Programme de Conservation International à Madagascar et le Programme d'Evaluation Rapide (RAP) ont organisé une évaluation biologique rapide de la RNI d'Ankarafantsika. L'objectif premier de cet effort était d'obtenir des informations sur la diversité biologique de la réserve et d'établir une base pour la planification de la gestion et le zonage du parc national proposé.

Du 3 au 24 février, une équipe pluridisciplinaire de biologistes malgaches et étrangers, comprenant des ornithologues, des spécialistes des mammifères, des primatologues, des herpétologues, des entomologues, des botanistes et des spécialistes de l'écologie végétale ont étudié trois sites au sein de la réserve. Ces sites sont:

1. **Ankarokaroka,** une forêt perturbée située à environ 5 km au sud ouest de la station forestière d'Ampijoroa dans la RF d'Ankarafantsika, (3–9 février 1997).

2. **Le Lac Tsimaloto,** 230 m, habitats pratiquement intacts dans la portion sud est de la RNI d'Ankarafantsika (11–17 février 1997).

3. **Antsiloky,** sur la rivière Karambao, juste au-dessous du lac Antsiloky, dans des habitats portant des signes de perturbation moyenne dans la RNI d'Ankarafantsika (19–24 février 1997).

En plus de l'évaluation biologique de plusieurs taxons, l'équipe a cherché à répondre à plusieurs questions scientifiques clé. L'équipe d'ornithologues a cherché à connaître la répartition de deux espèces d'oiseaux extrêmement rares, le vanga de Van Dam et la mésite variée, qui ont été toutes deux re-découvertes dans la RNI d'Ankarafantsika alors qu'on les croyait disparues. Le groupe spécialisé dans les mammifères a étudié la répartition du lémurien *Eulemur mongoz* car la RNI d'Ankarafantsika est la seule aire protégée abritant ce lémurien. La diversité des reptiles et amphibiens de la RNI d'Ankarafantsika était connue pour être élevée et les scientifiques du RAP espéraient ajouter une ou plusieurs nouvelles espèces à leur liste. Du point de vue de la flore, la juxtaposition unique de forêts sèches et de plusieurs habitats typiques des rivières et lacs dans la RNI était du plus grand intérêt.

L'équipe du RAP a aussi cherché à connaître l'impact que les menaces pesant sur la réserve avaient sur la biodiversité. La RNI d'Ankarafantsika est soumise à de fortes pressions causées par la production de charbon de bois, l'exploitation forestière, l'expansion de pâturage et la collecte de produits forestiers. A chaque saison sèche, la réserve est aussi exposée à de sévères incendies provoqués par les hommes. L'examen des effets de ces pressions a été incorporé dans les objectifs de l'étude. Une série de sites furent choisis pour représenter les différents niveaux de perturbation, allant de "presque intact" en passant par "partiellement perturbé" à "sévèrement affecté." Les espèces estimées être particulièrement sensibles aux perturbations ont été ciblées. Les impacts de la chasse, des feux et des pâturages ont été enregistrés dans chaque site.

Resume des Chapitres

Flora

La Réserve d'Ankarafantsika abrite une flore riche et diversifiée: 287 espèces de plantes ligneuses et 154 espèces de plantes herbacées ont été inventoriées dans 14 habitats différents (des forêts xérophytique aux forêts de marécage an passant pas de nombreux types de forêts sèches), lors de cette expédition. La flore a un taux d'endémicité important allant de 82% pour les plantes herbacées à 92% pour les plantes ligneuses et mérite donc une attention toute particulière en terme de conservation.

Pour les plantes ligneuses, le site d'Ankarokaroka, ouvert et dégradé, est moins riche en espèces que Tsimaloto (le plus intacte) et Antsiloky (intermédiaire). Le site d'Ankarokaroka est de surcroît dominé par *Tamarindus indica* et possède une flore moins endémique que les deux autres sites, avec davantage d'espèces introduites par l'homme ou colonisatrices des endroits dénudés. Pour les plantes herbacées, le site d'Ankarokaroka est le plus riche, suivi de Tsimaloto et de Antsiloky. Le site d'Ankarokaroka est cependant fortement dominé par une espèce de graminée, *Panicum uvalatum* et possède une flore moins endémique que Tsimaloto (le site le plus intacte).

Les habitats les plus riches en espèces sont les forêts sur versants à Ankarokaroka et Tsimaloto, et la forêt semi-caducifoliée sur plateau à Antsiloky. Citons aussi comme habitat important la forêt marécageuse de Antsiloky comportant de nombreuses plantes typiques du domaine de l'est, rarement rencontrées dans la région occidentale ou se situe la Réserve.

Les lémuriens

La diversité des lémuriens constatée lors de l'expédition—trois espèces rares et deux espèces potentiellement nouvelles relevées—souligne l'importance de la RNI d'Ankarafantsika pour la conservation de la biodiversité de Madagascar. Sept espèces de lémuriens ont été observées pendant l'étude: une espèce diurne (*Propithecus verreauxi coquereli*), deux espèces mixtes (*Eulemur mongoz* et *Eulemur fulvus fulvus*) et quatre espèces typiquement nocturnes (*Microcebus murinus, Cheirogaleus medius, Avahi occidentalis* et *Lepilemur edwardsi*).

Comme l'on pouvait s'y attendre, *Microcebus murinus* était l'espèce la plus commune et a été observée aussi bien dans les fourrés xérophytes denses que dans les forêts plus hautes. La plupart des espèces de lémuriens étaient présentes dans toute la réserve; *Eulemur mongoz* cependant, n'a été observé qu'à Ankarokaroka. Ce fait est surprenant et a des implications importantes pour la gestion d'Ankarafantsika car la réserve est la seule aire protégée à Madagascar abritant cette espèce. A Ankarokaroka, deux individus séparés de *Microcebus* ont été observés et n'ont pas pu être identifiés sur place. Aucun des deux individus ne correspondait à la description de *Microcebus ravelobensis*, une espèce peu connue et récemment décrite, venant d'Ampijoroa. Il est possible que les individus observés pendant l'étude soient des espèces encore non décrites mais des études supplémentaires du *Microcebus* à la RNI d'Ankarafantsika sont nécessaires pour vérifier cette hypothèse.

Ainsi, malgré des preuves considérables de perturbation d'origine humaine et malgré les pressions causées par la chasse, Ankarokaroka est un site important pour la protection des lémuriens à Madagascar. Le taux d'observation maximal des espèces diurnes (un lémur observé par 0,4 km de piste) a été atteint à Antsiloke alors que les espèces nocturnes ont été pour la plupart, observées à Ankarokaroka (une observation tous les 0.09 km de piste).

Micromammifères

L'équipe chargée des micromammifères a inventorié 14 espèces lors de cette expédition, soit sept espèces de rongeurs, six espèces d'insectivores et une espèce de chauve-souris. Trois de ces espèces (*Rattus rattus, Mus musculus* et *Suncus murinus*) sont introduites, dix autres sont endémiques à Madagascar, et la dernière (*Hipposideros commersoni*), la seule chauve-souris observée, est largement répandue en Afrique de l'Est. Quelques espèces remarquables sont présentes dans la Réserve. Une espèce d'insectivore, *Geogale aurita* est observée pour la première fois dans la réserve, ce qui étend fortement vers le nord son aire connue de distribution. Enfin, il faut noter la présence de *Macrotarsomys ingens* (rongeur, Nesomyinae), une espèce entièrement confinée au massif de l'Ankarafantsika.

Le site d'Ankarokaroka, ouvert et dégradé, est moins riche en espèces endémiques que Tsimaloto (le plus intacte) et Antsiloky (intermédiaire). Les trois espèces introduites sont présentes à Ankarokaroka, alors que dans les deux autres sites, *Rattus rattus* est la seule espèce introduite. La pauvreté d'Ankarokaroka en terme de biodiversité est aussi manifeste par l'absence de l'espèce endémique locale, *Macrotarsomys ingens*.

Les milieux humides de la réserve semblent plus riches en espèces que les milieux secs. En particulier, deux espèces d'*Eliurus* n'ont été observées que dans la forêt sur versant humide à Tsimaloto. Les milieux secs bien que moins riches sont importants pour certaines espèces de micromammifères. Citons en particulier, *Geogale aurita*, espèce typique des forêts sèches du sud, qui n'a été observée que dans la forêt caducifoliée sur plateau sec de sable blanc à Antsiloky. D'une manière générale, les milieux très secs, ouverts ou récemment pénétrés par le feu semblent peu favorables à la faune des micromammifères endémiques. Des efforts pour endiguer la dégradation des habitats en particulier ceux d'Ankarokaroka doivent donc être poursuivis pour assurer la conservation de la faune micromammalienne dans la Réserve.

Les oiseaux

Un total de 69 espèces d'oiseaux a été relevé pendant l'étude. Au moins de ces espèces, *Accipiter henstii* et *Falco concolor*, ont été pour la première fois relevées dans la RNI d'Ankarafantsika. Cependant, l'on s'attendait à les y trouver toutes deux. *Accipiter henstii* a été repéré en forêt dans plusieurs sites à Madagascar, y compris d'autres sites de l'ouest (ex: à Morondava). *Falco concolor* est une espèce qui se reproduit en Afrique puis migre à Madagascar où on le trouve communément dans les habitats ouverts. Environ 24 espèces d'oiseaux connues auparavant comme étant présentes dans la région n'ont pu être observées pendant l'étude; la majorité de ces espèces sont aquatiques et sont connues pour occuper le lac et le marécage d'Ampijoroa—habitats qui ne faisaient pas partie de nos sites d'intervention.

Les nombres d'espèces d'oiseaux enregistré pour les trois sites étaient similaires: 58 espèces à Ankarokaroka, 57 à Tsimaloto et 54 à Antsiloky. Le nombre d'espèces associées à la forêt était également le même pour les trois sites: 39 espèces forestières à Ankarokaroka, 36 à Tsimaloto et 38 à Antsiloky. Comme l'on s'y attendait, les forêts contiennent davantage d'espèces que les autres habitats. Les forêts ripicoles, avec un total de 34 espèces, étaient légèrement moins diverses que les forêts xérophytes (31 espèces). Les espèces observées uniquement dans les forêts ripicoles pendant l'étude étaient *Accipiter madagascariensis*, *Philepitta schlegeli* et *Nectarinia notata*. Les espèces largement ou entièrement restreintes aux forêts xérophytes étaient *Mesitornis variegata*, *Coua coquereli*, *Ninox superciliaris*, *Upupa epops* et *Xenopirostris damii*.

La plupart des oiseaux de la RNI d'Ankarafantsika sont présents dans tout Madagascar. Toutefois, plusieurs espèces d'importance particulière pour la conservation ont été relevées pendant l'étude. *Haliaeetus vociferoides* a été observé presque tous les jours à Tsimaloto, c'est l'un des oiseaux de proie les plus rares au monde, bien que le RNI d'Ankarafantsika ait été connue pour être un site de reproduction de cet oiseau. *Philepitta schlegeli* et *Mesitornis variegata* n'ont été observés que dans quelques sites dispersés, principalement dans l'ouest malgache. Nous avons relevé un petit nombre de chaque espèce dans les trois sites; ce qui suggère que les deux espèces sont présentes dans toute la réserve dans les habitats appropriés (forêt ripicoles ou autres forêts humides pour *Philepitta*, forêt xérophytes à canopée fermé, avec beaucoup de lianes mais peu d'herbacées pour *Mesitornis*). *Xenopirostris damii* n'est connu que dans deux sites, Ampijoroa (Jardin Botanique 2) et la Réserve Speciale

d'Analamera. Nous avons été surpris de n'avoir rencontré ce vanga qu'à un site, Antsiloky, où il semblait rare. Bien que nous l'ayons observé dans le même type de forêt que celle où se trouve *Mesitornis*, nous avons relevé beaucoup moins d'individus vanga que d'individus mésites. Il semble donc que cette espèce soit répartie sur une zone très restreinte, ce même au sein du bloc forestier plus large où il est connu pour être présent. Des études plus approfondies de la réserve sont nécessaires pour recenser *Xenopirostris damii* et mieux comprendre ses besoins en terme d'habitat.

Reptiles et Amphibiens

Quarante-sept espèces de reptiles et 12 espèces d'amphibiens ont été inventoriées lors de cette expédition. Bon nombre de ces espèces sont importantes à conserver. En effet, neuf de ces espèces sont endémiques à la Réserve Naturelle Intégrale d'Ankarafantsika et n'ont jamais été observées ailleurs, dont cinq (un serpent, un gekko, un scinque et deux batraciens) sont probablement nouvelles pour la Science. Neuf autres espèces ont une aire de distribution restreinte (espèces endémiques régionales) et seraient probablement menacées d'extinction si elles ne pouvaient se maintenir dans la Réserve.

Le site d'Ankarokaroka, ouvert et dégradé, est moins riche en espèces que Tsimaloto (le plus intacte) et Antsiloky (intermédiaire), en particulier en espèces endémiques à la Réserve. Il faut noter cependant qu'une espèce de scinque endémique à la réserve, *Pygomeles petteri*, n'a été inventoriée qu'à Ankarokaroka. La faune d'Ankarokaroka tend à être dominée par les formes typiques des milieux dégradés tandis que les faunes de Tsimaloto et Antsiloky sont plutôt dominées par les espèces préférant les milieux naturels. Les habitats les plus riches en espèces sont la forêt dense sur plateau à Tsimaloto, la forêt marécageuse ripicole à Antsiloky et la forêt secondaire à Ankarokaroka. Citons aussi comme habitat important la savane d'Ankarokaroka qui abrite deux espèces, dont l'une endémique à la Réserve, rencontrées nulle part ailleurs lors de cette expédition.

Cicindèles

Douze espèces de cicindèles ont été inventoriées lors de cette expédition, ce qui porte le nombre de cicindèles actuellement connues de la réserve à dix-neuf. Contrairement aux résultats observés pour les autres groupes d'organismes, c'est Tsimaloto, le site le moins perturbé qui est le moins riche en espèces. Cela provient du fait que les deux autres sites davantage perturbés possèdent, en plus des espèces observées à Tsimaloto, plusieurs espèces qui sont liées aux habitats dégradés ou ensablés. Ces résultats confirment donc l'état encore plus ou moins intact de la forêt de Tsimaloto. Les trois sites sont cependant tous importants à prendre en considération dans une stratégie de conservation de la Réserve car chaque site possède une ou deux espèces de cicindèle qui lui sont propres: *Lophyra abbreviata* pour Ankarokaroka,

Stenocosmia angustata pour Tsimaloto, et *Pogonostoma laportei* et *P. fleutiauxi* pour Antsiloky.

Les forêts denses sèches, dégradées ou non, et les forêts galeries sont plus riches que les autres types d'habitats. Toutefois, la végétation xérophytique de Tsimaloto, bien que pauvre en espèces, est le seul habitat où fut capturée l'espèce endémique *Stenocosmia angustata*, connue seulement de la région d'Ankarafantsika. Quant à l'autre espèce unique à Ankarafantsika, *Chaetotaxis descarpentriesi,* elle fut uniquement récoltée à Ankarokaroka et Antsiloky dans les forêts denses sèches. Dans le cas de cette espèce il faudra donc veiller à ce que la dégradation des habitats dans ces deux sites ne s'accentue pas.

Les scorpions
Deux espèces de scorpions ont été relevées dans la RNI d'Ankarafantsika pendant l'évaluation rapide, amenant à un nombre total de six espèces connues pour la zone. Il reste beaucoup à faire dans l'étude des scorpions à Madagascar en général et dans la RNI d'Ankarafantsika en particulier. Les informations amassées jusqu'à présent indiquent cependant que les scorpions pourraient constituer un groupe intéressant pour l'identification des centres d'endémisme et déterminer des priorités de conservation.

Les Recommandations Pour la Conservation

Etude des populations d'espèces sélectionnées
Bien avant l'évaluation rapide de février 1997, la RNI d'Ankarafantsika était déjà connue comme une réserve importante pour la protection de certaines espèces menacées. Un des résultats positifs de l'évaluation rapide a été confirmer que plusieurs de ces espèces sont largement réparties à travers la réserve. Toutefois, ce qui est surprenant, et quelque peu inquiétant, est que certaines des espèces animales les plus menacées connues pour être présentes dans la RNI sont en fait très rares et restreintes à certains sites dans la réserve. Ceci suggère que du point de vue de la protection de certaines des espèces les plus menacées de Madagascar, la "superficie réelle" de la RNI pourrait être beaucoup plus petite que la superficie indiquée de la réserve.

Les espèces qui méritent une attention particulière incluent le lémurien *Eulemur mongoz*; la RNI d'Ankarafantsika étant la seule aire protégée abritant cette espèce. *Eulemur mongoz* n'a été observé que dans l'un des trois sites visités (Ankarokaroka). De même, le vanga de Van Dam, *Xenopirostris damii,* dont le territoire est l'un des plus restreints de tous les oiseaux malgaches, n'a été observé que dans un seul site pendant l'étude (Lac Antsiloky) et n'y était pas commun. Nous avons identifié des "problèmes" potentiels en ce qui concerne la viabilité à long terme de ces espèces. Des études plus complètes de ces espèces sont nécessaires pour définir avec plus de précision leurs besoins en termes d'habitat, leur répartition spatiale dans la réserve et la taille et les tendances de leurs populations.

Parcelles de pâturage expérimentales
Pour les villageois locaux, il est commun de laisser paître le bétail dans la réserve; des signes de présence de bétail étaient apparents dans tous les sites visités bien qu'il était clair que certaines zones de la réserve étaient plus utilisées que d'autres. Les effets des pâturages sur le sous-bois forestier, la re-génération des arbres, etc. constituent une question importante à prendre en compte dans la gestion à long terme de la RNI d'Ankarafantsika. Il est recommandé d'établir dans la réserve plusieurs parcelles de pâturage expérimentales, dans différents types de forêts afin de pouvoir déterminer si les niveaux actuels de pâturage ont des effets mesurables.

Restauration dans les zones de savanes
En termes de taxons étudiés pendant l'évaluation rapide, les savanes représentent des "déserts biologiques", avec une faible diversité des espèces et peu ou pas d'espèce endémique et peu ou pas d'espèce importante pour la conservation. Nous encourageons les efforts visant à agrandir les zones forestières de la réserve aux dépens des zones de savane.

Promotion de l'écotourisme
L'écotourisme serait bien évidemment centré sur la réserve mais pourrait aussi viser des zones en dehors de la réserve. Pour les amateurs d'oiseaux en visite, par exemple, l'une des attractions de la réserve serait le marécage et le lac près de la route d'Ampijoroa. Il existe des marécages plus vastes entre Mahajanga et la RNI d'Ankarafantsika, abritant également des oiseaux aquatiques, comme le lac Amboromalandy où l'on a récemment relevé la présence de l'espèce en danger d'*Anas bernieri*. Ces zones ne sont pas gérées pour la protection des oiseaux et sont difficiles d'accès. Nous recommandons que des postes d'observation soient établis afin d'encourager les écotouristes à visiter ces lacs. Ceci devrait apporter des bénéfices à la faune autant qu'aux villageois en leur permettant de générer des revenus à partir des droits d'observation ou de la vente de boissons et de collations.

Executive Summary

(Anglais)

Introduction

The Complex des Aires Protegées d'Ankarafantsika (CAPA) is critical to both environmental conservation and economic development of northwestern Madagascar. Within the CAPA, the forests of the Ankarafantsika plateau are one of the two largest remaining expanses of woodlands in western Madagascar. These forests protect the watersheds of Madagascar's second largest rice growing region, serve as an important source of wood and other forest products for the region, and directly support over 20,000 Malagasy whose livelihoods depend on the forests for food, wood, water and fuel.

With an area of nearly 200,000 hectares, the CAPA contains a complex of two protected areas, the Réserve Naturelle Intégrale (RNI) d'Ankarafantsika (a Strict Nature Reserve) and the adjoining Réserve Forestière (RF) d'Ankarafantsika (Forest Reserve). A proposal to elevate the protection of these two areas to that of Parc National d'Ankarafantsika (National Park) is currently under consideration by the government of Madagascar.

In 1997, Conservation International's Madagascar Program and Rapid Assessment Program (RAP) organized a rapid biodiversity assessment of the Réserve Naturelle Intégrale (RNI) d'Ankarafantsika and the Réserve Forestière (RF) d'Ankarafantsika. The primary goals of this effort were to obtain information on the biological diversity of the reserves, and to establish a basis for management planning and zoning of the proposed National Park.

From 3–24 February, an interdisciplinary team of international and Malagasy biologists, including ornithologists, mammalogists, primatologists, herpetologists, entomologists, botanists, and plant ecologists, surveyed three sites within the Reserve. The sites were:

1. **Ankarokaroka,** in disturbed forest about 5 km southwest of the forestry station at Ampijoroa in the RF d'Ankarafantsika (3–9 February, 1997)

2. **Lac Tsimaloto,** 230 m, almost pristine habitats in the south-eastern portion of the RNI d'Ankarafantsika (11–17 February, 1997)

3. **Antsiloky,** on the Karambao River, just below Lake Antsiloky, in habitats with intermediate signs of disturbance in the RNI d'Ankarafantsika (19–24 February, 1997)

In addition to conducting a multi-taxa biological survey, the RAP team sought to address several key scientific questions. The bird team sought to establish knowledge of the distribution of two extremely rare bird species, the Van Dam's Vanga and the White-breasted Mesite, both of which were rediscovered at RNI d'Ankarafantsika after being thought to be extinct. The mammal group targeted the distribution of the Mongoose lemur, since RNI d'Ankarafantsika is the only protected area in which it is found. Reptile and amphibian diversity was known to be high for RNI d'Ankarafantsika, and the RAP scientists hoped to add one or more new species to the list. Floristically, the unique juxtaposition of dry forests and the numerous riverine and lake habitats of RNI d'Ankarafantsika was of extreme interest.

The RAP team also set out to document the impact of threats to the reserve on biodiversity. RNI d'Ankarafantsika is under heavy pressure for charcoal, timber, pasture and wild forest products. It is also subjected to severe fires each dry season. Examination of the effects of these pressures was incorporated into the design of the study. A suite of sites was chosen which represented a spectrum of disturbance, from nearly undisturbed, through partially disturbed to heavily impacted. Species believed to be particularly sensitive to disturbance were targeted. Hunting, fire and grazing impacts were recorded at each site.

Chapter Summaries

Flora

The RNI d'Ankarafantsika contains a rich and diverse flora: 287 species of woody plants and 154 speces of herbaceous plants were inventoried in 14 different habitat types, which ranged from dry to swamp forest. Endemism among the flora is extremely high, with 92% of woody plants and 82% of herbaceous plants endemic to Madagascar. Such high endemism highlights the importance of conserving this unique flora.

The diversity of woody plants was higher at Tsimaloto (the most pristine) and Antsiloky (intermediate disturbance) than at the most distured site, Ankarokaroka. Ankarokaroka was dominated by *Tamarindus indica*, had fewer endemic species than the other two sites, and contained many species introduced by human activities. In contrast, herbaceous plants were most diverse at Ankarokaroka, followed by Tsimaloto and Antsiloky. The herbaceous flora of Ankarokaroka was dominated by one grass species, *Panicum uvalatum*, and had fewer endemic species than Tsimaloto.

The habitats with highest species diversity were the slope forests of Ankarokaroka and Tsimaloto, and the semi-deciduous forest on the plateau at Antsiloky. The humid forests of Antsiloky are notable since they contain many species typical of eastern forests which are rare in western Madagascar and in the RNI d'Ankarafantsika.

Lemurs

The diversity of lemurs encountered during the RAP expedition, including three rare and two potentially new species, highlights the importance of the RNI d'Ankarafantsika for the conservation of biodiversity in Madagascar. Seven lemur species were recorded during the survey: one diurnal species *(Propithecus verreauxi coquereli)*, two cathemeral species *(Eulemur mongoz* and *Eulemur fulvus fulvus)* and four typically nocturnal species *(Microcebus murinus, Cheirogaleus medius, Avahi occidentalis,* and *Lepilemur edwardsi)*.

As expected, *Microcebus murinus* was the most common lemur species and was recorded both in the dense xerophytic scrub as well as in the taller forests. Most of the lemur species were found throughout the Reserve; *Eulemur mongoz*, however, was recorded only at Ankarokaroka. This was an unexpected result, and one with important implications for management at Ankarafantsika, since the Reserve is the only protected area in Madagascar where this species is found. Also at Ankarokaroka, two separate individuals of *Microcebus* were observed that could not be identified in the field. Neither individual matched the description of *Microcebus*

ravelobensis, a poorly known species recently described from Ampijoroa. It is possible that the individuals seen during the RAP survey are an undescribed species, but additional studies of *Microcebus* at RNI d'Ankarafantsika are needed to verify this.

Therefore, despite much evidence of human disturbance and hunting pressure, Ankarokaroka is an important site for the protection of lemurs in Madagascar. While the highest encounter rate for diurnal species (one lemur sighting per 0.4 km of trail) was at Antsiloky, nocturnal lemurs were recorded most frequently at Ankarokaroka (one observation every 0.09 km of trail).

Small Mammals

The small mammal team found 14 species during the RAP expedition, including seven species of rodents, six species of insectivores, and one bat species. Three of these species, *Rattus rattus, Mus musculus* and *Suncus murinus*, are introduced species, ten species are endemic to Madagascar, and *Hipposideros commersoni,* the sole bat species observed, is widespread throughout Eastern Africa. Several notable species were found in the Reserve. One species of insectivore, *Geogale aurita*, was observed for the first time in the Reserve, which extends its known distribution to the north. The presence of *Macrotarsomys ingens* (rodent, Nesomyinae) is noteworthy since it is known only from the Ankarafantsika plateau.

The site of Ankarokaroka, open and degraded, was less rich in endemic species than Tsimaloto (the most pristine) and Antsiloky (intermediate disturbance). The three introduced species were present at Ankarokaroka, while at the other two sites, *Rattus rattus* was the only introduced species found. The low mammal diversity at Ankarokaroka was also evident by the absence of the local endemic, *Macrotarsomys ingens.*

The humid sites within the Reserve were more diverse than the drier sites. In particular, two species of *Eliurus* were observed only in the forest on humid slopes at Tsimaloto. The drier sites, although less rich in species, were important for some species of small mammals, such as *Geogale aurita*, a species typical of the dry forests of the south. This species was never observed in the deciduous forests of the white sands dry plateau at Antsiloky. In general, the dry sites, open and impacted by fire, were less favorable for the endemic small mammal fauna. Efforts to halt degradation of habitats, particularly those at Ankarokaroka, are needed to assure the conservation of the small mammal fauna of RNI d'Ankarafantsika.

Birds

A total of 69 bird species were recorded during the survey. At least two of these, *Accipiter henstii* and *Falco concolor*, appear to represent new records for RNI d'Ankarafantsika. Both species were expected in the reserve, however. *Accipiter henstii* is found in forest in many areas in Madagascar, including other sites in the west (e.g., at Morondava). *Falco concolor* is a species that breeds in Africa and then migrates to Madagascar, where it is widespread in open habitats. Approximately 24 bird species previously known from the area were not recorded during the survey; the vast majority of these, however, are aquatic species known from the lake and marsh at Ampijoroa, habitats that were absent from the areas in which we worked.

The number of bird species recorded at the three sites was similar: 58 species at Ankarokaroka, 57 at Tsimaloto, and 54 species at Antsiloky. The number of species associated with forest also was similar at the three sites: 39 forest species at Ankarokaroka, 36 forest species at Tsimaloto, and 38 forest species at Antsiloky. As expected, forests contained more species than did other habitats. Riverine forests, with a total of 34 species, were slightly more diverse than were xerophytic forests (31 species). Species that were recorded only within riverine forests during this survey were *Dryolimnas cuvieri*, *Treron australis*, *Ispidina madagascariensis*, *Leptosomus discolor*, *Philepitta schlegeli*, *Nectarinia notata*, *Tylas eduardi*, and *Zosterops maderaspatana*. Species that were largely or entirely restricted to xerophytic forest were *Mesitornis variegata*, *Coua coquereli*, *Ninox superciliaris*, *Upupa epops*, and *Xenopirostris damii*.

Most of the birds of RNI d'Ankarafantsika are widespread across Madagascar. Several species of particular conservation importance were recorded during the survey, however. *Haliaeetus vociferoides* was recorded almost every day at Tsimaloto; this is one of the rarest birds of prey in the world, although RNI d'Ankarafantsika was known to be a breeding locality for this species. *Philepitta schlegeli* and *Mesitornis variegata* both are known only from a few scattered localities, primarily in western Madagascar. We recorded small numbers of both species at each of the three sites, so both seem likely to occur throughout the reserve in suitable habitat (riverine or other humid forests for *Philepitta*, xerophytic forest with a closed canopy, many lianas, but little herbaceous growth for *Mesitornis*). *Xenopirostris damii* is known only from two sites, Ampijoroa (Jardin Botanique A) and Analamera. We were surprised to record this vanga only at one site, Antsiloky, where it appeared to be rare. Although we found it in the same forest type as *Mesitornis*, we recorded many fewer individuals of the vanga than we did of the mesite. Therefore, this species appears to be very locally distributed even within the largest forest tract from which it is known. More thorough surveys of the reserve are needed to census *Xenopirostris damii* and to better understand its habitat requirements.

Reptiles and Amphibians

Forty-seven species of reptiles and 12 species of amphibians were observed during the RAP expedition. Many of these species are important to protect. Nine species are endemic to the RNI d'Ankarafantsika and are not found elsewhere. Five species (one snake, one gecko, one skink, and two frogs) are likely new to science. Nine other species have highly restricted ranges (regional endemics) and would likely be threatened by extinction without the protection of the RNI d'Ankarafantsika.

The diversity of reptiles and amphibians, particularly of endemic species, was lower at the most disturbed site, Ankarokaroka, than at Tsimaloto (the most pristine) and Antsiloky (intermediate disturbance). It is noteworthy that the endemic skink species, *Pygomeles petteri*, was not found at Ankarokaroka. The fauna of Ankarokaroka was dominated by species typical of disturbed habitats, while the fauna of Tsimaloto and Antsiloky were dominated by species preferring more undisturbed, natural habitat. The sites with highest species diversity were the dense forest on the plateau at Tsimaloto, the riparian humid forests at Antsiloky, and the secondary forest at Ankarokaroka. Two species, one endemic to the Reserve, were found only in the secondary forest at Ankarokaroka.

Tiger Beetles (Cicindelidae)

Twelve species of tiger beetles (Family Cicindelidae) were surveyed during the RAP expedition, which makes 19 species known from the RNI d'Ankarafantsika. Contrary to the results obtained for other groups, the most pristine site, Tsimaloto, was the least rich in species. In addition to the species encountered at Tsimaloto, Ankarokaroka and Antsiloky also contained species typical of disturbed and sandy habitats. The fact that these species were not found at Tsimaloto confirms its pristine condition. The three sites are therefore all important to consider when making conservation plans for the Reserve since each site contains one or two species tiger beetles that are not found at the other sites: *Lophyra abbreviata* at Ankarokaroka, *Stenocosmia angustata* at Tsimaloto, and *Pogonostoma laportei* and *P. fleutiauxi* at Antsiloky.

The dry dense forests, degraded or not, and the riparian forests had the highest number of tiger beetle species. However, the dry vegetation at Tsimaloto, while fewer in species, is the only habitat where the endemic tiger beetle, *Stenocosmia angustata*, was found. This species, along with *Chaetotaxis descarpentriesi*, is known only from the Ankarafantsika region. *Chaetotaxis descarpentriesi* was found only in the dense dry forests of Ankarokaroka and Antsiloky. These forests must be protected in order to conserve this unique and endemic tiger beetle.

Scorpions

Two species of scorpions were recorded from the RNI d'Ankarafantsika during the RAP expedition, bringing the total number of species now known from this area to six species. Much remains to be done in the study of scorpions in Madagascar in general and the RNI d'Ankarafantsika in particular. The evidence gathered so far, however, indicates that scorpions may be a valuable group for identifying centers of endemism and thus for setting conservation priorities.

Conservation Recommendations

Population surveys of selected species

Long before the February 1997 RAP, RNI d'Ankarafantsika was well known as a reserve important for the protection of certain threatened species. A positive result from the RAP surveys was the documentation that many of these species are widely distributed throughout the reserve. However, a surprising and somewhat disturbing result of the survey was that some of the most threatened animal species known from RNI d'Ankarafantsika appear to be very rare and locally distributed within the reserve. This suggests that, from the point of view of protecting some of Madagascar's most threatened species, the 'effective size' of RNI d'Ankarafantsika may be much smaller than the size of the Reserve would indicate.

Species of particular concern include the Mongoose Lemur *Eulemur mongoz*; RNI d'Ankarafantsika is the only protected area within which this species is found. Mongoose Lemur was found at only one of the three sites visited (Ankarokaroka). Similarly, Van Dam's Vanga *Xenopirostris damii*, with one of the most restricted ranges of any Malagasy bird, was found at only one site during the survey (Lac Antsiloky), and there it was not common. We have identified potential 'problems' regarding the long term population viability of these species. More complete surveys, targeted at these species, are now needed to more accurately define habitat requirements, spatial distribution within the Reserve, and population sizes and trends.

Exclosure experiments

It is common for local villages to allow cattle to graze within the reserve; signs of cattle were apparent at all sites that we visited, although clearly some areas of the reserve are more heavily grazed than others. An important long term consideration for the management of RNI d'Ankarafantsika will be the effects of cattle grazing on the composition of forest understory, tree regeneration, etc. It is recommended that the reserve establish several 'cattle exclosure' plots, in different types of forest, to begin assessing whether current levels of cattle grazing have measureable effects.

Restoration of savanna areas

In terms of the taxa that were surveyed by the RAP team, savannas represent biological 'deserts', with low species diversity, little or no endemic species and little or no species of conservation concern. We encourage efforts to expand the forest components of the reserve at the expense of open savanna.

Promotion of ecotourism

Ecotourism obviously will focus on the reserve, but might also encompass areas beyond its boundaries. For visiting birdwatchers, for example, one of the attractions of the reserve is the marsh and lake near the road at Ampijoroa. There are more extensive wetlands between Mahajanga and RNI d'Ankarafantsika that also harbor waterbirds, such as Lac Amboromavandy from which there have been recent (within the past ten years) records of the endangered Bernier's Teal *Anas bernieri*. These areas are not managed for birds, and access is difficult. We recommend that areas such as designated 'viewpoints' be established to encourage more passing ecotourists to stop at these lakes. This should bring benefits to wildlife and also to local villages through revenue obtained from viewing fees or from drink and snack concessions.

Introduction à la Réserve Naturelle Intégrale et la Réserve Forestière d'Ankarafantsika et l'Evaluation Rapide du RAP

Leeanne E. Alonso et Lee Hannah

Diversité biologique et endémisme à Madagascar

La diversité biologique unique de Madagascar place ce pays parmi les pays les plus riches en diversité au monde (Mittermeier et al. 1997) et parmi les hauts lieux (*hotspots*) de la biodiversité (Myers et al. 2000). Avec une superficie de 587.045 km², Madagascar est la quatrième île du monde par ordre de grandeur (Carte voir) et abrite environ 25% de toutes les plantes africaines et presque 13% de toutes les espèces vivantes de primates au monde. Le nombre d'espèces endémiques (espèces qui n'existent nulle part ailleurs) est extrêmement élevé à Madagascar. Par exemple, sur les 11.000–12.000 espèces de plantes à fleurs, plus de 80% sont endémiques (Mittermeier et al. 1997). Plus de 90% des espèces de reptiles et d'amphibiens de Madagascar et toutes les espèces de lémuriens au monde sont endémiques à l'île.

Madagascar contient une variété de types d'habitats allant de la forêt humide de basse altitude à la forêt sèche, en passant par les savanes et les habitats désertiques. Le pays peut être divisé en deux grandes régions biogéographiques: l'Est et l'Ouest (White 1983). La région de l'Est comprend les forêts humides de basse altitude et les forêts littorales, les forêts du plateau central (800–1300 m), et les forêts de montagne (plus de 2000 m). La région de l'Ouest contient la forêt sèche décidue sur la plaine côtière et le plateau calcaire (du niveau de la mer à 800 m) ainsi que le désert spinifère du sud.

Ankarafantsika

Diversité et importance des habitats

Les forêts de la région du plateau d'Ankarafantsika sont parmi les plus larges étendues de forêts restantes de l'ouest malgache (Carte voir). Les forêts sèches de basse altitude de l'ouest de Madagascar contiennent une diversité de plantes plus faible que les forêts de l'est mais le niveau d'endémisme y est plus élevé (Mittermeier et al. 1997). Ces forêts sont parmi les deux habitats les plus en danger de Madagascar et parmi les dix habitats les plus menacés au monde (Conservation International 1994). La région d'Ankarafantsika est caractérisée par un mélange de forêt sèche sclérophylle, de fourré sclérophylle, de forêt humide ou ripicole, de marécages à raphia/pandanus et de savane ainsi que d'habitats aquatiques tels que rivières, lacs et cours d'eau.

Importance économique

La région d'Ankarafantsika contient la seconde zone de production de riz de Madagascar, la zone de Marovoay d'une superficie de plus de 38.000 ha. Située à l'extrémité sud de la région de Mahajanga, le plateau d'Ankarafantsika porte la Betsiboka jusqu'à ce qu'elle se déverse dans la mer dans un delta qui offre les conditions idéales pour la production de riz. Par ailleurs, l'inondation annuelle de la Betsiboka apporte des éléments nutritifs qui enrichissent les rizières. Toutefois, une déforestation récente des bassins versants de la Betsiboka, de la Maovoay et de l'Ampijoroa sur le plateau d'Ankarafantsika a causé une sédimentation accrue du delta (Conservation International 1994). Ces sédiments sableux se déposent dans les rizières en aval et inhibent la croissance des jeunes plants de riz, diminuant ainsi la production rizicole.

Ainsi la conservation des bassins versants du plateau d'Ankarafantsika est essentielle pour la production de riz et le bien-être économique de la région (PNUD/UNESCO-MAB 1992). Les forêts intactes du plateau stabilisent le sol, réduisent l'érosion et apportent de l'eau propre au delta. En plus des 40.000 et quelques habitants qui dépendent de la production rizicole, 15 à 20.000 autres personnes dépendent des forêts de la région pour leur approvisionnement en eau, bois de chauffe et autres produits forestiers (Conservation International 1994).

Statut légal

Au moment de cette évaluation rapide, les Complexes d'Aires Protégées d'Ankarafantsika (complexe de réserves d'Ankarafantsika ou CAPA) étaient composés de deux aires protégées, la Réserve Naturelle Intégrale (RNI) d'Ankarazfantsika et la Réserve Forestière (RF) d'Ankarafantsika adjacente (Carte voir). La RNI d'Ankarafantsika a été établie par décret en 1927 avec l'objectif d'une protection stricte par l'interdiction de toute activité humaine. Les limites de la RNI ont été redéfinies en 1966. La RF d'Ankarafantsika fut établie deux ans plus tard, en 1929, pour usage multiple mais excluant l'agriculture ou l'occupation humaine. La RF d'Ankarafantsika contient la Station Forestière d'Ampijoroa.

Le CAPA contient une zone de près de 200.000 ha comprenant la RNI d'Ankarafantsika (60.520 ha) et la RF d'Ankarafantsika (75.000 ha). La Forêt Classée (FC) de Bongolava voisine et les zones protégées entourant la RNI d'Ankarafantsika représentent respectivement 50.300 ha et 9.139 ha de plus (Conservation International 1994). Le CAPA forme donc l'une des plus vastes étendues de forêts protégées de Madagascar. Une proposition pour la création du Parc National d'Ankarafantsika dans cette region est actuellement étudiée par le Conseil Supérieur pour la Protection de Nature à Madagascar.

Le terme "ankarafantsika" est une transformation du nom "garanfantsy", qui signifie "montagne d'épineux" et évoque l'époque où ces forêts inspiraient la terreur et le mystère, dû à la présence de Ravelobe, un patriote devenu bandit de grand chemin, qui attaquait tous les voyageurs. "Garafantsy" désigne aussi un homme rusé et effrayant.

Diversité biologique

Les forêts autour de la Station Forestière d'Ampijoroa dans la RF d'Ankarafantsika ont été relativement bien étudiées par les biologistes. Pendant plus de quatre décennies, des recherches ont fourni des informations sur les espèces d'arbres et de lémuriens en particulier. Les écotouristes et amateurs d'oiseaux ont aussi visité Ampijoroa à plusieurs reprises, en partie à cause de la présence des rares *Mesitornis variegata* et *Xenopirostris damii*, toutes deux découvertes à Ankarafantsika vers la fin des années 20 (Lavauden 1932). Une nouvelle espèce de lémurien, *Microcebus ravelobensis*, a récemment été découverte (1997) par des chercheurs à la station forestière (Zimmermann et al. 1998). La région d'Ankarafantsika est connue pour abriter plus de 114 espèces d'oiseaux, dont 66 sont endémiques; 7 espèces de lémuriens et des centaines d'espèces de plantes endémiques ainsi qu'une riche faune de reptiles et d'insectes (Conservation International 1994).

Des recherches et un projet d'élevage en captivité de la tortue *Geochelone yniphora*, l'un des reptiles les plus menacés au monde, ont été menés à la Station Forestière d'Ampijoroa pendant plus de 10 ans. Ces recherches ont permis de doubler la population mondiale de cette tortue et ont été un

pôle touristique pour la réserve (Conservation International 1994).

Malgré l'activité importante à la Station Forestière d'Ampijoroa, peu de recherches ont été menées dans les autres parties de la RNI et de la RF d'Ankarafantsika. La répartition de la flore et de la faune dans la région reste peu connue. Il en résulte que certaines des espèces les plus rares décrites à Ankarafantsika ne sont connues pour être présentes que dans certaines zones autour de la station forestière.

Géologie et climat

Les forêts d'Ankarafantsika reposent sur un plateau formé par des formations marines calcaires datant du début de la moitié du Crétacé. Le plateau s'élève à environ 250 m au-dessus de la plaine qui l'entoure avec un maximum d'environ 378 m au-dessus du niveau de la mer au lac Tsimaloto. La définition du plateau est beaucoup moins nette au nord et à l'ouest, suivant généralement une pente progressive vers les plaines dénudées voisines. Les RNI et RF d'Ankarafantsika sont délimitée à l'est par la Mahajamba, à l'ouest par la Betsiboka, au nord par les plaines de Marovoay et au sud par les falaises abruptes bordant le plateau d'Ankarafantsika.

Les sols d'Ankarafantsika sont sableux et facilement érodés. Les cartes pédologiques de la région indiquent une correspondance entre le type de sol et la végétation; les zones herbeuses correspondant à un sol de sable rouge et la forêt à un sol de sable plus clair. Les rivières qui prennent source à Ankarafantsika portent des sédiments considérables venant de ces sols fragiles. Le marécage à raphia en aval de ces rivières retient ces sédiments et filtre l'eau, offrant ainsi un service environnemental clé pour la riziculture de la plaine de Marovoay en-dessous de la Réserve.

Les précipitations moyennes sont de 1.000 à 1.500 mm par an, janvier étant le mois le plus pluvieux. La saison des pluies s'étend de novembre à avril. La saison sèche, de mai à octobre, est la saison des feux qui constituent une menace sérieuse pour la forêt. Les feux brûlent la savane environnante et jusque dans la forêt de la réserve, en particulier vers la fin de la saison sèche. Les températures mensuelles moyennes varient entre 17° et 35° C, et la température annuelle moyenne est de 26° C. Les mois les plus chauds correspondent à la saison des pluies; les températures commencent à augmenter vers la fin de la saison sèche lorsque les risques de feux sont les plus élevés.

Menaces

La RNI et la RF d'Ankarafantsika sont sujettes à des pressions intenses en tant qu'îlot de forêt dans un paysage sec et autrement dénudé. Les forêts sont menacées par l'agriculture sur brûlis (*tavy*), les feux (naturels et anthropiques), l'élevage bovin et la collecte de produits forestiers—en particulier de bois pour la production de charbon, de bois de chauffe et de construction. Les produits de fourrage, de bois et autres produits des forêts d'Ankarafantsika ont été fortement exploités autrefois.

La déforestation et le manque de pratiques de gestion ont pour résultat la dégradation du sol, de l'eau, de la couverture végétale et de la diversité biologique de la Réserve (Conservation International 1994). Les sols sableux, exposés aux fréquents incendies et au défrichement pour l'agriculture et l'élevage, sont sujets à l'érosion et la perte d'éléments nutritifs causés par les fortes pluies dans la région. La quantité de sédiments dans les rivières et les deltas en aval ont augmenté de manière notable au cours des récentes années à cause de l'érosion du sol. Les forêts et le marécage à raphia disparaissent rapidement. Les marécages à raphia filtrent une grande partie des sédiments transportés par les rivières à partir du plateau. Sans ces marécages, les sédiments seraient transportés en aval et se déposeraient dans les rizières où ils freineraient la croissance des jeunes plants de riz. La coupe affecte les populations de plusieurs espèces d'arbres et détruit l'habitat d'une grande variété d'animaux. Les tabous traditionnels (*fady*) sur la chasse aux lémuriens ne sont généralement pas respectés par les nouveaux migrants dans la région. Les pressions causées par la chasse ont donc augmenté. Les mets populaires au sein des communautés locales sont entre autres, la pintade, le canard sauvage, l'ibis, le lémurien brun (*Lemur fulvus*) et le sifaka (*Propithecus verreauxi coquereli*; Conservation International 1994).

Au cours des dernières décennies, il y a une important migration vers les riches plaines rizicoles du nord-ouest malgache. Comme la terre se fait rare, plusieurs migrants se sont approchés de la forêt, faisant subir de fortes pressions sur les écosystèmes du plateau d'Ankarafantsika par le défrichement pour l'agriculture et l'élevage bovin, la collecte de bois de construction et de chauffe, la production de charbon et le défrichement des marécages à raphia. Le raphia est une ressource de valeur pour la population locale car il fournit la matière première des toitures, de la vannerie et autres objets artisanaux.

Lors de l'établissement de la RNI d'Ankarafantsika, quatre communautés vivaient à l'intérieur de la réserve. Le statut ambigu de ces installations humaines, ainsi que le manque de ressources et de personnel de contrôle ont permis à ces communautés de grandir et à d'autres de s'établir (Conservation International 1994). Même avec une gestion améliorée de la réserve, le défrichement et les dégâts liés à la pâture des bovins et la collecte des produits forestiers au sein de l'aire protégée persistent. Dans certains cas, la gestion améliorée a pour effet de pousser ces activités encore plus à l'intérieur de la forêt, menaçant les zones intactes restantes dont la valeur biologique est encore inconnue. La gestion future de la réserve devra se concentrer sur la protection de zones prioritaires. Le but de cette évaluation rapide était de commencer à établir la base biologique de cette priorisation.

L'expédition d'évaluation rapide

Le Programme d'Evaluation Rapide (RAP)

Le Programme d'Evaluation Rapide (RAP) de Conservation International effectue des évaluations biologiques rapides dans le monde entier. Le RAP a été conçu par les scientifiques de CI en 1990 pour fournir rapidement des connaissances biologiques sur les forêts humides les plus éloignées et les moins connues de la planète. Le RAP a ensuite été étendu aux autres habitats terrestres ainsi qu'aux systèmes d'eau douce et marin. Si le RAP est principalement utilisé pour fournir des informations sur les zones éloignées et peu connues, ses méthodologies sont de plus en plus souvent appliquées pour fournir rapidement des informations sur les parcs et réserves soumis à des menaces spécifiques.

Le RAP a acquis une grande partie de son expérience en Amérique Latine où l'approche a été utilisée pour la première fois pour identifier rapidement les zones cibles pour la conservation. Plus de 30 RAP ont aidé à classer six parcs nationaux ou aires protégées dans 5 pays. Dans chaque évaluation, une équipe de scientifiques nationaux et internationaux doit parfois surmonter d'énormes problèmes logistiques pour atteindre rapidement une zone qui n'a jamais fait l'objet d'inventaire biologique auparavant, collecter autant d'informations que possible en moins d'un mois, et revenir pour faire des analyses qui mettent la biodiversité de la zone dans une perspective régionale. Cette méthode a fourni des documentations sur de nouvelles espèces et des recommandations pour la protection des sites d'importance biologique mondiale.

Le RAP d'Ankarafantsika marque un nouveau chapitre dans l'histoire de l'évaluation rapide. Ce programme n'avait pas été conçu pour identifier des priorités de conservation dans un vaste site inexploré. La RNI d'Ankarafantsika, de par sa superficie et sa biodiversité unique, est déjà bien établie comme haute priorité de conservation à Madagascar. Le RAP d'Ankarafantsika devait plutôt établir une base minimale de connaissances biologiques pour appuyer la gestion d'un programme de conservation existant. Pour cela, le programme a été spécialement adapté aux besoins de Madagascar. Dans ce cas, le RAP a formé des scientifiques nationaux et régionaux qui pourront, à l'avenir, poursuivre les programmes de recherche biologique. Les scientifiques du RAP ont étudié des zones plus petites, plus confinées et de manière plus approfondie que n'importe quel RAP auparavant. Ils se sont concentrés sur l'habitat de forêt sèche pour l'une des premières fois dans l'histoire du programme.

Depuis cette évaluation, le RAP s'est concentré davantage sur les aires protégées menacées et sur les sites prioritaires établis, tels que le Bassin de Lakekamu en Papouasie Nouvelle-Guinée et le Parc National Laguna del Tigre au Guatemala. C'est une orientation importante pour le RAP qui a élargi son horizon pour inclure une plus large gamme d'habitats terrestres et marins en plus des forêts humides.

L'évaluation rapide d'Ankarafantsika

En février 1997, (une importante équipe de scientifiques) ont effectué une évaluation des principaux écosystèmes des forêts d'Ankarafantsika entre les rivières Betsiboka et Mahajamba. Les sites furent choisis dans la RNI et la RF d'Ankarafantsika (Carte voir). Les principaux objectifs de cet effort étaient d'établir clairement la situation de l'étendue de la diversité biologique de la région et d'établir une base pour la planification, la gestion et le zonage du parc national proposé.

L'équipe du RAP, composée de scientifiques étrangers et malgaches, a inventorié les oiseaux, les mammifères, les plantes, les reptiles, les amphibiens et les insectes. L'équipe s'est aussi efforcée de répondre à plusieurs questions scientifiques clé. L'équipe des ornithologues a cherché à établir la répartition de deux espèces d'oiseaux extrêmement rares, le vanga de Van Dam et le mésite blanc, toutes deux découvertes à Ankarafantsika alors qu'on les croyait disparues. Le groupe chargé des recherches sur les mammifères visait à établir la répartition du lémurien mongose car Ankarafantsika est la seule aire protégée où cette espèce existe. La diversité en reptiles et amphibiens d'Ankarafantsika est connue pour être forte, et les scientifiques du RAP espéraient découvrir une ou plusieurs espèces nouvelles. L'évaluation a été menée pendant la saison des pluies pour maximiser les relevés de reptiles et amphibiens. Du point de vue de la flore, la juxtaposition unique de forêts sèches et d'habitats ripicoles et lacustres à Ankarafantsika était d'un grand intérêt.

L'équipe du RAP a aussi cherché à décrire l'impact des menaces sur la biodiversité de la réserve. Ankafarantsika est soumis à de fortes pressions causées par la production de charbon, de bois, l'élevage bovin et la collecte de produits forestiers naturels. La réserve subit aussi d'importants incendies à chaque saison sèche. L'examen de l'effet de ces pressions a été intégré dans la conception même de l'évaluation. Une série de sites représentant les degrés de perturbation, allant de presque intact à fortement affecté en passant par des sites partiellement affectés, a été choisie. Les espèces considérées comme étant particulièrement sensibles aux perturbations ont été ciblées. Les impacts de la chasse, du feu et du pâturage ont été décrits à chaque site.

Objectifs spécifiques de l'évaluation rapide d'Ankarafantsika

L'évaluation rapide d'Ankarafantsika avait quatre objectifs principaux:

1. Fournir des données qui pourraient servir de base biologique à un plan de gestion du futur parc national.

2. Vérifier l'importance biologique des forêts d'Ankarafantsika au niveau national et international.

3. Fournir des données pour aider les responsables de la réserve et les populations locales à mener un développement régional en harmonie avec la conservation de la réserve.

4. Etablir des données de base pour un suivi futur, pour l'interprétation et la recherche.

Les sites étudiés

Pour combler le manque d'informations sur la biote des forêts d'Ankarafantsika, le PER a été mené dans trois sites choisis afin de former un transect à travers le futur Parc National d'Ankarafantsika. Les trois sites et les dates de leur étude étaient (Carte voir):

Ankarokaroka

A environ 5 km au sud-ouest de la station forestière d'Ampijoroa, dans la RF d'Ankarafantsika et dans la section sud du futur parc national. Ce site est sujet à de fortes pressions humaines et l'habitat est généralement dégradé et fortement perturbé. Les principaux habitats sont: forêt dégradée et savane, 3–9 février 1997.

Lac Tsimaloto

Partie orientale de la RNI d'Ankarafantsika, secteur sud est du futur parc national. Tsimaloto est l'une des zones les moins dégradées de la réserve. Le site comprend des forêts quasi intactes de plusieurs types. Habitats principaux: forêt et fourré secs, forêt galerie, marécage à raphia, fonds de vallée, 11–17 février 1997.

Antsiloky

Sur la rivière Karambao, juste au-dessous du Lac Antsiloky, dans la RNI d'Ankarafantsika et le futur parc national. Situé dans la partie supérieure d'une vallée qui a été envahie par des occupants illicites, Antsiloky est moyennement perturbé. La coupe et la divagation des bovins sont évidents mais la plupart des habitats sont encore de légèrement à moyennement perturbés. Habitats principaux: forêt sèche, forêt galerie, marécage à raphia, fonds de vallée, 19–24 février 1997.

References Citees

Conservation International. 1994. Conceptual approach to a program of conservation and development at the Ankarafantsika Reserve Complex, Madagascar. Conservation International: Washington, DC.

Lavauden, L. 1932. Étude d'une petite collection d'oiseaux de Madagascar. Bulletin du Muséum National d'Histoire Naturelle, Second Série, 4: 629–640.

Mittermeier, R. A., P. R. Gil, and C. G. Mittermeier. 1997. Megadiversity, Earth's Biologically Wealthiest Nations. CEMEX. S.A., Mexico, D.F.

Myers, N., R. A. Mittermeier, C. G. Mittermeier, G. A. B. da Fonseca, and J. Kent. 2000. Biodiversity hotspots for conservation priorities. Nature. 403: 853–858.

PNUD/UNESCO-MAB. 1992. Éco-développement des communautés rurales pour la conservation de la biodiversité. UNESCO/PNUD.

White, F. 1983. The Vegetation of Africa. UNESCO. La Chaux de Fonds.

Zimmermann E., E. Cepok , N. Rakotoarison, V. Zietemann & U. Radespiel. 1998. Sympatric mouse lemurs in north west Madagascar: a new rufous mouse lemur species (*Microcebus ravelobensis*). Folia Primatologica. 69: 104–114.

Introduction to the Réserve Naturelle Intégrale and Reserve Forestière d'Ankarafantsika and to the Rapid Assessment Program

Leeanne E. Alonso and Lee Hannah

Biological Diversity and Endemism in Madagascar

The unique biological diversity of Madagascar earns it a place among the most highly diverse countries in the world (Mittermeier et al. 1997) and as a hotspot of biodiversity (Myers et al. 2000). With an area of 587,045 km², Madagascar is the world's fourth largest island (see Map), and is home to about 25% of all African plants and almost 13% of the world's living primate species. The number of endemic species (those found nowhere else) is extremely high in Madagascar. For example, of the estimated 11,000–12,000 species of flowering plants, over 80% are believed to be endemic (Mittermeier et al. 1997). Over ninety percent of Madagascar's reptile and amphibian species and all of the world's lemur species are endemic to Madagascar.

Madagascar contains a variety of habitat types, ranging from lowland rain forest, to dry forest, to savannas and desert-like habitats. The country can be divided into two major regions biogeographically, Eastern and Western (White 1983). The Eastern region includes coastal and lowland rainforests, central plateau forests (800–1300 m), and montane forests (over 2000 m). The Western region includes dry deciduous forest on coastal plains and limestone plateaus (sea level to 800 m) and the spiny desert habitats to the south.

Ankarafantsika

Habitat Diversity and Importance

The forests of the Ankarafantsika plateau region are one of the two largest remaining expanses of woodlands in western Madagascar (see Map). The lowland dry forests of western Madagascar contain a lower plant species diversity than the eastern forests but the level of endemism is higher (Mittermeier et al. 1997). These forests are one of the two most endangered habitats in Madagascar and are among the ten most threatened in the world (Conservation International 1994). The Ankarafansika region features a mixture of dry (xerophytic) forest, xerophytic scrub, humid or riparian forest, raphia/pandanus swamp, and savanna, as well as aquatic habitats including rivers, lakes, and streams.

Economic Importance

The Ankarafantsika region contains the second largest rice growing area in Madagascar, the Marovoay area of over 38,000 ha. Situated at the southern end of the Mahajanga region, the Ankarafantsika plateau carries the Betsiboka River before it falls toward the sea and fans out in a delta that creates ideal conditions for rice production. The annual flooding of the Betsiboka River brings rich nutrients to the rice fields. However, recent deforestation in the watersheds of the Betsiboka, Maovoay, and Ampijoroa rivers on the Ankarafantsika plateau have led to increasing amounts of silt deposited in the delta (Conservation International 1994). This sandy silt settles in the downstream rice paddies and inhibits the growth of young rice shoots, impeding rice production.

Thus, conservation of the watersheds on the Ankarafantsika plateau is of critical importance to rice production and to the economic well-being of the region (PNUD/UNESCO-MAB 1992). Intact forests on the plateau stabilize soils, reduce runoff, and provide a clean supply of water to the delta. In addition to the over 40,000 people whose livelihoods depend on rice, another 15,000–20,000 people depend on the forests of the region for water, firewood, and other forest products (Conservation International 1994).

Legal Status

At the time of this RAP survey, the Complexes des Aires Protegées d'Ankarafantsika (Ankarafantsika Reserve

Complex; CAPA) was comprised of two protected areas, the Réserve Naturelle Intégrale d'Ankarafantsika (RNI, a Strict Nature Reserve) and the Réserve Forestière d'Ankarafantsika (RF, an adjoining Forest Reserve; see Map). The RNI d'Ankarafantsika was established by decree in 1927 with the objective of strict nature protection through the prohibition of all human use. The borders of the RNI d'Ankarafantsika were re-classified in 1966. The RF d'Ankarafantsika was added two years later in 1929 for multiple use but excluding agriculture or human occupation. The RF d'Ankarafantsika contains the Station Forestière Ampijoroa.

The CAPA contains an area of almost 200,000 ha, including the RNI d'Ankarafantsika (60,520 ha) and the RF d'Ankarafantsika (75,000 ha). The neighboring Forêt Classée de Bongolava and protected zones surrounding the RNI d'Ankarafantsika add another 50,300 and 9,139 ha respectively (Conservation International 1994). The CAPA is therefore one of the largest contiguous areas of protected forest in Madagascar. A proposal for the creation of Parc National d'Ankarafantsika (Ankarafantsika National Park) in this area is currently under consideration by the Conseil Supérieur pour la Protection de la Nature (High Council for the Protection of Nature) of Madagascar.

Ankarafantsika" is a transformation of the name "Garafantsy," which means "spiny mountain" and evokes memories of the times when these forests inpired terror and mystery due to the presence of Ravelobe, a patriot turned highway bandit who held up all the passers-by. "Garafantsy," also means a sly and frightening man.

Biological Diversity
The forests around the Station Forestière Ampijoroa within the RF d'Ankarafantsika has been relatively well studied by biologists. Research over four decades has documented tree species and lemurs in particular. Bird watchers and other eco-tourists have also visited Ampijoroa frequently, in part due to the presence of the rare White-breasted Mesite (*Mesitornis variegata*) and Van Dam's Vanga (*Xenopirostris damii*), both re-discovered in Ankarafantsika in the late 1920s (Lavauden 1932). A new lemur species, *Microcebus ravelobensis*, was recently discovered (1997) by researchers at the forestry station (Zimmermann et al. 1998). The Ankarafantsika region is known to contain over 114 bird species, of which 66 are endemic, seven lemur species, hundreds of endemic plant species, and a rich herpetological and entomological fauna (Conservation International 1994).

Research and captive breeding of the ploughshare tortoise, *Geochelone yniphora*, one of the world's most endangered reptiles, have been conducted at the Station Forestière d'Ampijoroa by Durrell Wildlife for over 10 years. This research has led to the doubling of the known world's population of the tortoise and has served as a focal point for tourism in the Reserve (Conservation International 1994).

Despite a great deal of activity centered at the Station Forestière d'Ampijoroa, little research has been conducted in other parts of the RNI and RF d'Ankarafantsika. The distribution of flora and fauna within the area has remained all but unknown. As a result, some of the rarest species recorded from Ankarafantsika are known only from certain areas within the forests around the forestry station.

Geology and Climate
The Ankarafantsika forests rest on a plateau formed by calcareous marine formations dating from the early- to mid-Cretaceous. The plateau rises approximately 250 meters above the surrounding plain to a maximum height of about 378 meters above sea level at Lake Tsimaloto. The plateau margins on the east and south are abrupt, forming cliffs in many places. The definition of the plateau is much less distinct on the north and west, generally following a gradual slope into the surrounding treeless plains. The RNI d'Ankarafantsika is delimited to the east by the Mahajamba River, to the west by the Betsiboka River, to the north by the Marovoay plains, and to the south by the steep cliffs of the edge of the Ankarafantsika plateau.

The soils of Ankarafantsika are sandy and easily eroded. Soils maps of the region indicate a correspondence between soil type and vegetation, with grassland occurring on red sands and forest on lighter colored sands. The rivers that arise in Ankarafantsika carry a substantial sediment load from these fragile soils. The raphia river-bottom wetlands trap these sediments and filter the water, thus providing a key environmental service to the rice fields in the plain of Marovoay below the Reserve.

Rainfall averages between 1,000 and 1,500 mm per year, with January being the highest rainfall month. The rainy season extends from November to April. The dry season, from May to October, is a time of fires, which pose a serious threat to the forest. Especially late in the dry season, fires burn from the surrounding savannah into the forest of the reserve. Monthly average temperatures vary between 17° and 35° C, and the mean annual temperature is 26° C. The warmest months correspond to the rainy season, with temperature beginning to increase at the end of the dry season, when fire risk is greatest.

Threats
The RNI and RF d'Ankarafantsika are under intense pressure as a virtual island of forest in an otherwise denuded and dry landscape. The forests are under pressure primarily from slash and burn agriculture (tavy), fire (natural and human induced), cattle ranching, and the collection of forest products—particularly of wood for charcoal, firewood, and construction. The forage, fuel, wood and other products of Ankarafantsika's forests have been heavily exploited in the past.

Deforestation and lack of good land management practices are resulting in deterioration of soils, water, vegetative cover and biological diversity in the Reserve (Conservation International 1994). Sandy soils, exposed by frequent fires and clearing of vegetation for cattle and agriculture, are subjected to erosion and leaching of nutrients by the heavy rains of the region. Sediment loads in the rivers and the deltas downstream have increased notably in recent years due to soil erosion. Forests and raffia swamp are being rapidly cleared. Raffia swamps filter out much of the sediment carried by rivers from the plateau. Without these swamps, sediments are carried downstream and deposited in the rice paddies, where they impede the growth of the young shoots of rice. Logging is impacting the populations of many tree species and removing habitat for a wide variety of animals. Traditional taboos (*fady*) on lemur hunting are generally not respected by the new immigrants to the area. Therefore, hunting pressure has increased. Popular food items among local communities include Guinea fowl, wild ducks, ibis, brown lemur (*Lemur fulvus*), and sifaka (*Propithecus verreauxi coquereli*; Conservation International 1994).

Over the past few decades, there has been substantial migration to the rich rice producing plains of northwest Madagascar. As land becomes scarce in the plains, many immigrants have moved to the surrounding areas, putting great pressure on the ecosystems of the Ankarafantsika plateau as the new settlers clear land for agriculture and cattle, collect wood for building and charcoal, and clear raffia swamps. Raffia is a valuable resource to the local people since it is used for roofing, twine, and artifacts.

When the RNI d'Ankarafantsika was established, there were four small communities inside its boundaries. The ambiguous legal status of these settlements, as well as the lack of resources and enforcement personnel have allowed these communities to grow in size and have permitted others to become established (Conservation International 1994). Even under improved management of the Reserve, cleared areas and damage inside the Reserve due to grazing and forest product harvesting continue. In some cases, improved management is actually driving these activities deeper into the forest, threatening remaining undisturbed areas of unknown biological value. Future management will need to focus on protection of priority areas. The purpose of this RAP survey was to begin to establish the biological basis for setting these priorities.

The RAP Expedition

The Rapid Assessment Program (RAP)

The Rapid Assessment Program (RAP) of Conservation International conducts rapid biological assessments worldwide. RAP was designed by CI scientists in 1990 to help provide rapid biological knowledge of some of the most remote and unknown rainforests on earth. RAP has since been expanded to other terrestrial habitats, as well as freshwater and marine systems. While RAP is still used mostly to document poorly known and remote areas, RAP methodologies are increasingly being applied to gain rapid biological knowledge of parks and reserves under special threat.

Much of the evolution of RAP has taken place in Latin America, where the approach was first employed for quick identification of areas that needed to be targeted for conservation action. Over 30 RAP surveys have helped gazette six national parks or protected areas in five countries. In each survey, a team of national and international scientists would overcome sometimes herculean logistical problems to move quickly into an area which had never seen a biological inventory team, collect as much information as possible in less than a month, and return to conduct analysis which would put the biodiversity of the area in regional perspective. This method has resulted in documentation of new species and protection recommendations for areas of global biodiversity significance.

The Ankarafantsika RAP survey marked a new chapter in RAP history. This RAP survey was not designed to find priorities for conservation action within a vast unexplored area. RNI d'Ankarafantsika, by virtue of its sheer size and unique biology, was already established as a high priority within Madagascar. Instead, the Ankarafantsika RAP survey was designed to establish a minimum base of biological understanding for management under an existing conservation program. To do this, it was adapted specifically to the special needs of Madagascar. In this instance, RAP provided training to national and regional scientists who could continue programs of biological research in the future. The RAP scientists surveyed smaller areas, more closely spaced and more in-depth than any previous RAP survey. They focused on a dry forest habitat for one of the first times in the history of the RAP program.

Since this survey, the RAP program has focused more of its surveys on protected areas under threat and on established priority areas, such as the Lakekamu Basin of Papua New Guinea and Laguna del Tigre National Park in Guatemala. This has been an important direction for RAP, which has broadened its horizons to include a broader range of terrestrial and marine habitat types in complement to its rainforest emphasis.

The Ankarafantsika RAP Survey

In February 1997, a broad-based team of scientists undertook an evaluation of the principal ecosystems of the Ankarafantsika forests between the Betsiboka and Mahajamba rivers. Sites were chosen in both the RNI and RF d'Ankarafantsika (see Map). The primary goals of this effort were to provide a clearer picture of the extent of biological diversity of the region, and to establish a basis for management planning and zoning of the proposed National Park.

The RAP team was made up of international and Malagasy scientists, who inventoried birds, mammals, plants, reptiles, amphibians, and insects. The team also sought to address several key scientific questions. The bird team sought to establish knowledge of the distribution of two extremely rare bird species, Van Dam's Vanga and the White-breasted Mesite, both of which were rediscovered at Ankarafantsika after they were thought to be extinct. The mammal group targeted the distribution of the Mongoose lemur, since Ankarafantsika is the only protected area in which it is found. Reptile and amphibian diversity was known to be high for Ankarafantsika, and the RAP scientists hoped to add one or more new species. The survey was conducted during the rainy season to maximize reptile and amphibian records. Floristically, the unique juxtaposition of dry forests and the numerous riverine and lake habitats of Ankarafantsika was of extreme interest.

The RAP team also set out to document the impact of threats to the reserve on biodiversity. Ankarafantsika is under heavy pressure for charcoal, timber, cattle pasture and wild forest products. It is also subjected to severe fires each dry season. Examining the effects of these pressures was incorporated into the design of the study. A suite of sites was chosen which represented a spectrum of disturbance, from nearly undisturbed, through partially disturbed to heavily impacted. Species believed to be particularly sensitive to disturbance were targeted. Hunting, fire and grazing impacts were recorded at each site.

Specific Goals of the Ankarafantsika RAP Survey

There were four principal goals of the Ankarafantsika RAP survey:

1. Produce data that would serve as the biological basis of the management plan for the future National Park.

2. Verify the importance of the Ankarafantsika forests, both as a national and global biodiversity priority.

3. Produce data that would assist reserve managers and local people to carry out regional development in harmony with reserve conservation.

4. Establish baseline data that would be used for future monitoring, interpretation and research design.

The Study Areas

To address the lack of information about the biota of the Ankarafantsika forests, RAP surveys were conducted at three sites chosen to form a rough transect across the future Parc National d'Ankarafantsika (National Park). The three sites, with their dates of occupancy were (see Map):

Ankarokaroka

About 5 km southwest of the Station Forestière d'Ampijoroa, within the RF d'Ankarafantsika (forest reserve) and in the southern sector of the national park. This site is subject to major human use and its habitats are generally degraded to heavily disturbed. Principal habitats: degraded forest and savannah, 3–9 February 1997.

Lac Tsimaloto

Eastern part of the Réserve Naturelle Intégrale d'Ankarafantsika (RNI), southeastern sector of the future National Park. Tsimaloto is one of the least degraded areas of the Reserve. Nearly pristine forest of several types exists at this site. Principal habitats: dry forest and scrub, gallery forest, raphia wetland, valley bottom, 11–17 February 1997.

Antsiloky

On the Karambao River, just below Lac Antsiloky, within the Réserve Naturelle Intégrale d'Ankarafantsika (RNI) and future National Park. Located in the upper parts of a river valley that has been invaded by illegal settlers, Antsiloky is intermediate in disturbance. Woodcutting and cattle are evident in the area, but many habitats are still only lightly to moderately disturbed. Principal habitats: dry forest, gallery forest, raphia wetland, valley bottom, 19–24 February 1997.

Literature Cited

Conservation International. 1994. Conceptual approach to a program of conservation and development at the Ankarafantsika Reserve Complex, Madagascar. Conservation International: Washington, DC.

Lavauden, M. L. 1932. Étude d'une petite collection d'oiseaux de Madagascar. Bulletin du Muséum National d'Histoire Naturelle, Second Série, 4: 629–640.

Mittermeier, R. A., P. R. Gil, and C. G. Mittermeier. 1997. Megadiversity, Earth's Biologically Wealthiest Nations. CEMEX. S.A., Mexico, D.F.

Myers, N., R. A. Mittermeier, C. G. Mittermeier, G. A. B. da Fonseca, and J. Kent. 2000. Biodiversity hotspots for conservation priorities. Nature. 403: 853–858.

PNUD/UNESCO-MAB. 1992. Éco-développement des communautés rurales pour la conservation de la biodiversité. UNESCO/PNUD.

White, F. 1983. The Vegetation of Africa. UNESCO. La Chaux de Fonds.

Zimmermann E., E. Cepok, N. Rakotoarison, V. Zietemann
& U. Radespiel. 1998. Sympatric mouse lemurs in north
west Madagascar: a new rufous mouse lemur species
(*Microcebus ravelobensis*). Folia Primatologica.
69: 104–114.

Cartes et Photographies

Maps and Images

Madagascar

Programme d'Evaluation Rapide (RAP)
Ankarafantsika
Province de Mahajanga
Fivondrona de Marovoay
Madagascar

- Site d'échantillonage RAP
  RAP sampling sites

- Aires Protégées
  parks and protected areas

- routes
  roads

- occupations humaines
  settlements

projection: UTM zone 39
data:
 CI RAP
 Digital Chart of the World
 Landsat 7 Thematic Mapper

this map was produced by:
the GIS & Mapping Lab of the
Center for Applied
 Biodiversity Science at
Conservation International
cartography: M.Denil
© February 2002

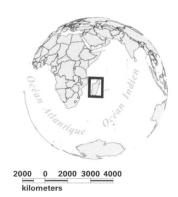

La végétation à Ankarokaroka.
Vegetation at Ankarokaroka.

All photos taken by
Thomas S. Schulenberg

La végétation dense sur le plateau du Lac Tsimaloto.
Dense vegetation on the plateau at Lake Tsimaloto.

Membres d'équipe du RAP.
RAP team members on the move.

La végétation sur le plateau de sable blanc du Lac Tsimaloto.
Végétation on sandy plateau at Lake Tsimaloto.

Membres d'équipe du RAP dans le camp.
RAP team members in camp.

Végétation forestière à Ankarakaroka.
Forest vegetation at Ankarokaroka.

Lac Tsimaloto.
Lake Tsimaloto.

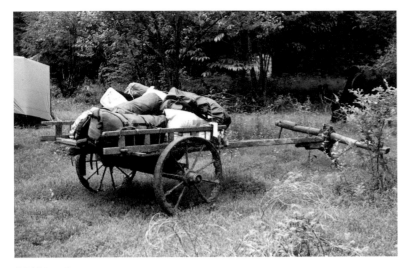

Prêt(s) à partir.
Packed up and ready to go.

Nephila sp.

Le site d'Ankarokaroka, le plus perturbé, sur fond de l'agriculture.
Ankarokaroka, the most disturbed site surveyed, with agriculture
in the background.

Eliurus sp.

La forêt à Antsiloky sur fond de l'agriculture.
Forest at Antsiloky with agricultural front in the background.

Chapitre 1

Evaluation de la Diversité Floristique dans la Réserve d'Ankarafantsika

Gabrielle Rajoelison, Jeannine Raharimalala, Grâce Rahajasoa, Lanto Herilala Andriambelo, Raymond Rabevohitra et Norbert Razafindrianilana

Résumé

- 287 espèces de plantes ligneuses et 154 espèces de plantes herbacées ont été inventoriées lors de cette expédition. La flore de la Réserve est riche en espèces endémiques à la région malgache, avec un taux d'endémicité de 92% et 82% respectivement pour les plantes ligneuses et herbacées.

- La Réserve abrite de nombreux habitats dont 14 ont pu être étudiés lors de cette expédition.

- Pour les plantes ligneuses, le site d'Ankarokaroka, ouvert et dégradé, est moins riche en espèces que Tsimaloto (le plus intact) et Antsiloky (intermédiaire). Le site d'Ankarokaroka est de surcroît dominé par *Tamarindus indica* et possède une flore moins endémique que les deux autres sites, avec davantage d'espèces introduites par l'homme ou colonisatrices des endroits dénudés.

- Pour les plantes herbacées, le site d'Ankarokaroka est le plus riche, suivi de Tsimaloto et de Antsiloky. Le site d'Ankarokaroka est cependant fortement dominé par une espèce de graminée, *Panicum uvalatum* et possède une flore moins endémique que Tsimaloto (le site le plus intact).

- Les habitats les plus riches en espèces sont les forêts sur versants à Ankarokaroka et Tsimaloto, et la forêt semi-caducifoliée sur plateau à Antsiloky. Citons aussi comme habitat important la forêt marécageuse de Antsiloky comportant de nombreuses plantes typiques du domaine de l'est, rarement rencontrées dans la région occidentale ou se situe la Réserve.

Introduction

Le RAP (Rapid Assesment Program) est un programme du Département de Biologie de la Conservation de Conservation International. Il a été mis en place pour combler le vide existant en matière de connaissances scientifiques sur les forêts tropicales d'Amérique du sud. Sa première application à Madagascar a pour but d'obtenir une évaluation globale des ressources biologiques d'Ankarafantsika à partir d'évaluations rapides sur la survie des espèces. Les informations ainsi collectées permettront d'analyser la situation, d'identifier les problèmes et de formuler par la suite des mesures et recommandations, aidant à l'élaboration d'un plan d'aménagement et de gestion rationnels de l'Aire Protégée, une des préoccupations majeures du Projet de Conservation et de Développement Intégrés d'Ankarafantsika.

Parmi les sites qui représentent une grande variété de forêts existantes, la Réserve d'Ankarafantsika a été choisie sur trois zones à savoir Ankarokaroka, Tsimaloto et Antsiloky, sélectionnées pour cette évaluation rapide des ressources biologiques réalisée du 04 au 24 Février 1997.

L'étude de la flore a été confiée à trois modules distincts traitant de l'écologie forestière, de la taxonomie de la flore ligneuse et de la taxonomie des plantes herbacées.

Dans la discipline Ecologie forestière, le principal objectif est d'obtenir des informations sur:

- les types de formation rencontrés dans les différents secteurs d'étude,
- les caractéristiques écologiques des habitats rencontrés (physionomie, structure, faciès, etc.)
- les relations sol-végétation
- la structure horizontale au niveau de chaque site sélectionné au point de vue abondance relative et diversité floristique.

Les modules de la taxonomie de la flore ligneuse et de la taxonomie des plantes herbacées contribueront à étudier:

- la structure floristique de la végétation de la région en particulier:
- La conposition floristique,
- la richesse floristique,
- la diversité floristique

Il faut signaler que des interactions étaient plus ou moins inévitables entre les trois modules susmentionnés au cours de cette expédition, depuis la conception des travaux à mener sur le terrain jusqu'à la phase précédant l'élaboration de ce rapport.

Compte tenu des avantages de la biodiversité et des menaces pesant sur les différents sites visités dans la région d'Ankarafantsika (surpâturage, feux sauvages répétés, brûlis pour les cultures) et à travers les résultats d'observations et d'inventaires, la prudence commande qu'on conserve une biodiversité aussi grande que possible. Cependant, on ne dispose souvent pas d'information précise sur les réponses des espèces forestières aux perturbations. Jusqu'à présent, peu d'informations sur les communautés végétales existant dans la région et leur écologie ont été acquises alors qu'elles tendent déjà à disparaître.

Face à cette situation, les expéditions de recherche dans les différents sites constituent des moyens efficaces pour de nouvelles découvertes. Quelles sont les habitats menacés de disparition ? Quelles sont les conséquences de cette dégradation sur les espèces végétales caractéristiques de ces habitats ? Quels moyens pourrait-on adapter pour les conserver ou tout au moins réduire leur disparition ?

C'est à ces questions cruciales que l'expédition sur les trois sites d'Ankarafantsika a tenté de répondre.

Methodologie

Endroits étudiés

- **Ankarokaroka** se trouve le long de la lisière sud-ouest de la Réserve qui était jugée a priori comme étant une forêt dégradée ou secondarisée et qui subit une érosion encore en pleine activité;
- **Tsimaloto** se situe aux environs du dit lac, du côté nord-est de la Réserve qui est caractérisée a priori par une forêt primaire plus ou moins intacte;
- **Antsiloky** est sis au centre de la Réserve qui est caractérisée a priori d'une part par un faciès humide le long de la rivière Karambao et d'autre part par un faciès plus tropophile tout de suite en amont de cette rivière.

Dates des Inventaires

Chaque site sélectionné a été étudié pendant une période de 5 jours et a fait l'objet d'inventaire floristique et d'observations écologiques:

- Ankarokaroka a été étudié du 5 au 9/02/97,
- Tsimaloto, du 12 au 17/02/97,
- et Antsiloky du 19 au 23/02/97.

Méthodes

La méthodologie est basée sur deux principes. Il s'agit d'identifier les différents types d'habitat existant au niveau du site en question et de mener ensuite un inventaire biologique dans des transects de dimensions variables en fonction des classes de diamètre des plantes à recenser.

Le procédé a été différent selon qu'il s'agit de la flore forestière ou de la flore herbacée. Toutefois, l'équipe des taxonomistes a travaillé en étroite collaboration avec celle de l'Ecologie forestière.

Flore Forestière

Le choix des habitats au niveau de chaque site d'étude s'est reposé sur l'interprétation sommaire de la mosaïque du paysage (photos aériennes) appuyée par des informations préalablement acquises par des travaux de reconnaissance et d'observations directes des lieux.

Le dispositif est dérivé du modèle défini par le Programme d'Evaluation Rapide de la Biodiversité (RAP). Il se traduit par un inventaire floristique effectué le long de transects de dimensions variables selon les classes de végétation.

Les espèces du sous-étage de diamètre compris entre 1 cm et 10 cm ont été inventoriées dans des transects de 10 m de large; celles de la canopée (10 cm < diamètre < 30 cm) et celles des émergents (diamètre > 30 cm) ont été relevées dans des transects de 20 m de large (Annexe 1).

Le nombre d'individus à observer par transect a été fixé à 100 par classe, mais ce nombre n'a pas toujours été atteint surtout pour les arbres de gros diamètre (> 30 cm) qui disparaissent plus ou moins dans certains types d'habitats. Les paramètres relevés ont été:

- l'identité de l'individu soit au niveau de la famille, soit au niveau du genre et éventuellement au niveau de l'espèce;
- le diamètre à hauteur de poitrine;
- la hauteur totale de l'arbre;
- la longueur des transects pour chaque classe de dimension des tiges recensées.

Parallèlement à l'inventaire, des observations visuelles directes ont été effectuées concernant la physionomie, la structure, le faciès de la végétation dans chaque habitat en relation avec l'exposition, la topographie et les types de sol sous chaque formation.

Les critères considérés pour faire des jugements concernant les priorités biologiques comprennent la diversité floristique d'un site, les niveaux d'endémisme (pourcentage d'espèces et de genres limités à une aire déterminée), la présence de formes rares ou menacées, et le degré de risque d'extinction des espèces et/ou des communautés à l'échelle nationale.

Flore Herbacée

Le long des transects étudiés par le groupe taxonomiste des plantes ligneuses, il a été effectué un échantillonnage dans des placettes de 2m x 2m soit 4m² pour chaque micro-écosystème identifié. Au niveau de chacune des placettes, les paramètres suivants ont été relevés:

- les espèces présentes avec leur détermination provisoire (moins de 1m de hauteur);
- leur abondance;
- le pourcentage approximatif du degré de fermeture de la voûte forestière.

Le nombre de placettes inventoriées diffère selon le type d'habitat sélectionné.

Resultats

Structure et physionomie des habitats inventoriés

La prospection et les observations effectuées dans les trois sites ont permis la détermination de 14 habitats dont: 5 habitats à Ankarokaroka, 5 habitats à Tsimaloto et 4 habitats à Antsiloky:

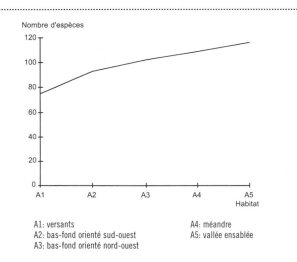

A1: versants
A2: bas-fond orienté sud-ouest
A3: bas-fond orienté nord-ouest
A4: méandre
A5: vallée ensablée

Figure 1.1. Courbe d'accumulation des espèces dans le site d'Ankarokaroka.

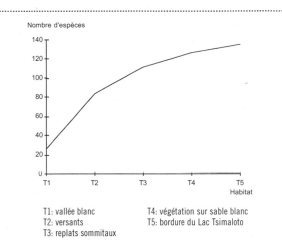

T1: vallée blanc
T2: versants
T3: replats sommitaux
T4: végétation sur sable blanc
T5: bordure du Lac Tsimaloto

Figure 1.2. Courbe d'accumulation des espèces dans le site de Tsimaloto.

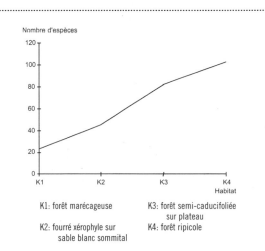

K1: forêt marécageuse
K2: fourré xérophile sur sable blanc sommital
K3: forêt semi-caducifoliée sur plateau
K4: forêt ripicole

Figure 1.3. Courbe d'accumulation des espèces dans le site d'Antsiloky.

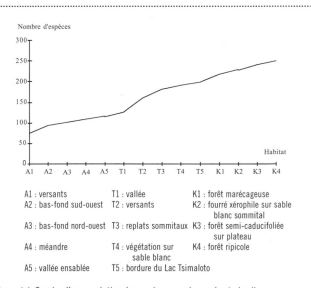

A1 : versants
A2 : bas-fond sud-ouest
A3 : bas-fond nord-ouest
A4 : méandre
A5 : vallée ensablée

T1 : vallée
T2 : versants
T3 : replats sommitaux
T4 : végétation sur sable blanc
T5 : bordure du Lac Tsimaloto

K1 : forêt marécageuse
K2 : fourré xérophile sur sable blanc sommital
K3 : forêt semi-caducifoliée sur plateau
K4 : forêt ripicole

Figure 1.4. Courbe d'accumulation des espèces au niveau des trois sites.

Ankarokaroka

Le site d'Ankarokaroka se trouve le long de la lisière sud-ouest de la Réserve à environ 5 km au sud/sud-ouest de la Station forestière d'Ampijoroa. Ses coordonnées géographiques sont 16°20'16.8"S et 46°47'34.8"E.

Ce site abrite une variété d'habitats typiques des sols arénacés du domaine de l'ouest. Le passage répété des feux ainsi que le surpâturage ont entraîné une forte dégradation du sol. De ce fait, le paysage est caractérisé par la présence spectaculaire de cirques d'érosion massive provoquant des ensablements intenses dans la zone. Les forêts situées sur les plateaux sont plutôt épargnées tandis que la végétation se trouvant dans les bas-fonds est envahie par l'ensablement.

La végétation possède les caractéristiques tropophiles des forêts denses sèches de l'ouest. Elle est composée de la forêt dense sèche caducifoliée et des prairies (secondaires ou boisées).

L'analyse sommaire de la mosaïque du paysage (photos aériennes) et la prospection du site nous a permis d'identifier au départ 9 types d'habitats localisés soit dans les vallées ensablées, soit sur les versants (bas versant, mi-versant, haut versant), soit enfin sur les replats sommitaux. Mais le dépouillement des données acquises sur le terrain dénote qu'il n'existe en fait que 5 habitats à savoir:

* les versants;
* les bas-fonds orientés sud-ouest;
* les bas-fonds orientés nord-ouest;
* les méandres;
* vallées ensablées.

Versants

Le peuplement est caractérisé par l'abondance de petites tiges dans le sous-bois avec un diamètre moyen de 2,5 cm et une hauteur moyenne de 3,5 m (Tableau 1.1) qui indique une dynamique importante de la végétation. Il est observé toutefois l'occurrence de gros arbres de diamètre > 30 cm (émergents) qui dominent de temps en temps le peuplement et assurent le remplissage de la forêt avec une surface basale de 11,96 m²/ha bien qu'ils soient moins importants en nombre. La canopée assez élevée se situe autour de 14 m de hauteur.

Si on co espèces les plus représentées ou espèces principales (Tableau 1.1). Dans la strate du sous-bois, *Grewia ambongensis constitue* l'espèce la plus abondante avec 397 tiges/ha. Elle assure le remplissage de la forêt avec *Turrea* sp. et *Dalbergia trichocarpa* avec respectivement des surfaces terrières de 0,51m²/ha, 0,46m²/ha et 0,40 m²/ha. La végétation dans cette strate est très diverse et constituée en général par des régénérations d'espèces qui existent soit dans la canopée, soit parmi les émergents. Dans l'espace, leur répartition est en général aléatoire ou en agrégats. Dans les strates de la canopée et des émergents, la forêt est dominée par *Tamarindus indica* qui présente des diamètres moyens de 14 cm et de 42 cm respectivement.

On observe bien entendu des différences de physionomie entre les différents niveaux du versant. La forêt ripicole (bas versant) qui longe le ruisseau est moyennement dense avec une futaie assez claire atteignant une hauteur de 12m avec

Tableau 1.1. Versants d'Ankarokaroka: densité (N/ha avec proportion relative en % entre parenthèses) et surface terrière (G/ha) des espèces les plus représentées et dimensions moyennes des arbres par classe de taille.

Espèces	Classe de diamètre 1–10 cm		Classe de diamètre 10–30 cm		Classe de diamètre > 30 cm	
	N / ha	G / ha	N / ha	G / ha	N / ha	G / ha
Grewia ambongensis Baillon	397 (9,7)	0,51	49 (10,5)	0,83		
Turraea sp.	384 (9,3)	0,46	37 (8,0)	0,50		
Rauvolfia media Pichon	301 (7,3)	0,15				
Dalbergia trichocarpa Baker	260 (6,3)	0,40	49 (10,5)	1,02	18 (22,5)	1,95
Strychnos myrtoides Gilg et Busse	247 (6,0)	0,21				
Albizia gummifera (Gmel.) Sm.	192 (4,7)	0,04				
Leea guinensis G. Don	178 (4,3)	0,03				
Bridelia pervilleana Baillon	137 (3,3)	0,25				
Tamarindus indica L.			72 (15,5)	1,35	33 (42,5)	5,00
Breonia sp.			35 (7,5)	0,52		
Densité totale	4 110		465		78	
Surface terrière totale		10,1		7,68		11,96
Diamètre moyen (cm)	2,5 cm		15 cm		38,5 cm	
Hauteur moyenne (m)	3,5 m		10,5 m		14,5 m	

quelques arbres pouvant atteindre 15m. Les lianes sont abondantes et sont représentées notamment par les genres *Landolphia*, *Combretum* et *Paederia*. Le sous-bois est bien développé et constitué fréquemment par 2 ou 3 espèces de *Croton* et par *Leea guineensis* et Macphersonia *gracilis var. trichocarpa*. Le sol est limono-sableux avec un horizon humifère relativement épais. Sur le mi-versant, la hauteur de la voûte diminue. Le peuplement présente une tendance à la monostratification. La strate arborée continue plafonne à une hauteur de 10m et comporte de nombreuses espèces avec une abondance de *Tamarindus indica*. Le sous-bois arbustif est assez dense à prédominance de *Macphersonia*. Les lianes sont abondantes et représentées surtout par *Combretum coccineum*. Les trouées et les clairières sont souvent colonisées par *Flagellaria*. Les épiphytes font défaut. Sur le haut versant, il a été rencontré un peuplement monospécifique de *Rourea orientalis* (Connaraceae) d'une hauteur moyenne de 6m et d'un diamètre moyen de 6 cm. La canopée se trouve entre 5 et 6m de hauteur. Les arbres sont de petite taille avec des diamètres variant entre 5 et 10 cm. La tendance à la monostratification s'accentue et on commence à observer la sclérophyllie et la microphyllie chez certaines espèces. Le sous-bois est représenté notamment par des espèces appartenant à la famille des Fabaceae telles que *Dalbergia* spp, et *Bauhinia monandra*. Sur le replat sommital à sol peu développé mais bien drainé, on trouve une forêt relativement dense avec souvent des Fabaceae telles que *Tamarindus indica*, *Dalbergia* spp, et *Albizia* spp. On observe aussi une tendance à la monostratification. La canopée discontinue

se trouve entre 10 et 12m de haut avec des émergents pouvant atteindre 15m de haut et comporte notamment des espèces de la famille des Fabaceae. La microphyllie est très accentuée chez la plupart des espèces. Le peuplement d'apparence homogène présente beaucoup de petites tiges (± 1 cm) avec quelques arbres de diamètre moyen supérieur à 10 cm représentés par *Zanthoxylon tsihanimposa* et *Dalbergia* spp. Le sous-bois est très dense sur le sol rocailleux avec de la régénération naturelle de *Dalbergia* spp, *Grewia* spp et *Phyllanthus* spp. Les lianes sont abondantes et représentées par *Combretum* spp. La strate herbacée est discontinue et dominée par 2 espèces de *Croton*. La partie nord de ce replat sommital est très visitée par le bétail. De ce fait, en certains endroits sont observés des sous-bois très clairs. Le sol dans cette zone est compacté et accumule les flaques d'eau.

Bas-fonds orientés sud-ouest

Dans le bas-fond sud-ouest (Tableau 1.2), le sous-bois est dominé par 6 espèces. *Macphersonia gracilis* constitue l'espèce la plus abondante avec 519 arbres/ha et assure le remplissage du sous-bois avec *Commiphora tetramera* avec une surface terrière autour de 0,60 m²/ha chacune. La canopée relativement ouverte à 12m de hauteur est représentée principalement par 5 espèces. Dans cette strate, *Bosqueia boiviniana* constitue l'espèce la plus abondante avec 129 arbres/ha et assure le remplissage avec 3,81 m²/ha de surface terrière. La strate des émergents qui se trouve en moyenne à 16,5m de hauteur est à dominance de *Tamarindus indica* qui présente 47,1% du nombre

Tableau 1.2. Vallées et dépressions d'Ankarokaroka (Bas-fonds sud-ouest): densité (avec proportion relative en % entre parenthèses) et surface terrière des espèces les plus représentées et dimensions moyennes des arbres par classe de taille.

Espèces	Classe de diamètre 1-10 cm		Classe de diamètre 10-30 cm		Classe de diamètre > 30 cm	
	N / ha	G / ha	N / ha	G / ha	N / ha	G / ha
Macphersonia gracilis Hoffm. var *trichocarpa* Cap.	519 (14)	0,51				
Commiphora tetramera Engler	333 (9)	0,46				
Diospyros tropophylla Perrier	296 (8)	0,15				
Grewia boinensis	259 (7)	0,40				
Strychnos myrtoides Gilg et Busse	222 (6)	0,21				
Tarenna sp.	222 (6)	0,04				
Bosqueia boiviniana Baillon			129 (22)	3,81		
Deinbollia borbonica Sch. *faarenicola* Cap.			47 (8)	0,91		
Strychnos madagascariensis Poiret			47 (8)	1,22		
Diospyros sp. 1			35 (6)	0,93		
Tamarindus indica L.			35 (6)	1,21	43 (46)	7,81
Treculia perrieri					13 (14)	3,19
Densité totale	3 704		588		93	
Surface terrière totale		5,62		14,46		15,10
Diamètre moyen	4 cm		17 cm		43,5 cm	
Hauteur moyenne	5 m		12,5 m		16,5 m	

total de tiges et couvre une surface terrière de 7,81 m²/ha. *Tamarindus indica*, très rustique arrive à s'adapter à différents types d'habitats. Toutefois, l'espèce est peu développée dans le sous bois. *Treculia perrieri* est également abondante dans la strate des émergents et semble bien s'adapter aux conditions écologiques de la station. Outre les espèces dominantes sus-citées, on note également la présence d'espèces caractéristiques, *Diospyros* spp. et *Deinbollia* spp. dans la classe des émergents, et *Allophylus "cobbe" boinensis* dans le sous-bois. Les trouées, assez fréquentes sont souvent colonisées par *Jatropha curcas*. Les lianes sont abondantes notamment *Combretum*. Dans le sous-bois, une régénération bien dense de *Commiphora* a été également observée. La strate herbacée est représentée notamment par des Commelinaceae et des communautés d'Orchidaceae terrestres des genres *Cynorkis* et *Lissochilus*. Le sol sableux supporte une litière fournie et un humus assez développé. Cette station est d'apparence fertile et comporte plusieurs grosses tiges de bonne conformation. Les dépressions sont surtout inféodées par les *Tamarindus indica*.

Bas-fonds orientés nord-ouest

Le bas-fond nord-ouest (Tableau 1.3) est caractérisé par la dominance (en nombre d'individus) de 4 espèces dans le sous-bois, 5 espèces dans la canopée et 2 espèces dans la strate des émergents. *Macphersonia gracilis*, *Grewia boinensis* et *Tamarindus indica* constituent respectivement les espèces les plus abondantes dans les trois strates. Toutefois, le recouvrement basal est également assuré par *Diospyros* sp. 1 dans le sous-bois, par *Thilacium* sp. dans la canopée et par *Treculia perrieri* dans la strate des émergents (Tableau 1.3).

Les emergents peuvent atteindre 16 à 20m de hauteur. La canopée relativement fermée se trouve entre 12 et 15m de hauteur. La futaie dense est composée d'arbres de gros diamètre (20 cm chez *Homalium albiflorum*) où l'on rencontre de temps en temps des épiphytes du genre *Angraecum*. Les clairières sont colonisées par *Jatropha curcas* et *Obetia radula*. La strate intermédiaire est marquée par l'abondance de *Thilachium* sp. On observe également dans le sous-bois de nombreux plants de *Croton*, *Grewia*, *Deinbollia* et *Malleastrum gracile* et une régénération naturelle abondante de *Treculia perrieri*. Les lianes sont peu nombreuses mais de grande taille. La strate herbacée est dominée par des espèces de la famille des Commelinaceae. La présence de *Nervillea*, espèces indicatrices de fertilité du sol, est aussi à signaler. Le sol, riche en humus est d'apparence fertile. Il est constitué de colluvions et supporte une litière épaisse bien décomposée.

Il est à remarquer que les forêts sises dans les bas-fonds ne peuvent être assimilées à des forêts denses sèches. Bénéficiant de sols plus frais et humides plus ou moins en permanence, leurs caractères résident dans leur sempervirence et leur luxuriance qui se traduisent par la hauteur plus élevée des arbres et la pluristratification.

Méandres

Le méandre (Tableau 1.4) est constitué principalement par 3 espèces dans le sous-bois, 3 espèces dans la canopée et 2 espèces dans la strate des émergents. Le sous-bois est dominé par *Grewia ambongensis* (1640 arbres/ha et 1,48 m²/ha de surface terrière), *Macphersonia gracilis* et *Tamarindus indica*. Dans la canopée, les trois principales espèces sont *Hymenodyction occidentale*, *Bivinia jalberti* et *Tamarindus*

Tableau 1.3. Vallées et dépressions d'Ankarokaroka (Bas-fonds nord-ouest): densité (avec proportion relative en % entre parenthèses) et surface terrière des espèces les plus représentées et dimensions moyennes des arbres par classe de taille.

Espèces	Classe de diamètre 1–10 cm		Classe de diamètre 10–30 cm		Classe de diamètre > 30 cm	
	N / ha	G / ha	N / ha	G / ha	N / ha	G / ha
Macphersonia gracilis Hoffm. var *trichocarpa* Cap.	900 (18)	0,45	46 (9)	0,52		
Croton sp. 2	800 (16)	0,14				
Diospyros sp. 1	400 (8)	0,48				
Nesogordonia stylosa Perrier	400 (8)	0,19				
Grewia boinensis			82 (16)	1,96		
Thilacium sp.			71 (14)	2,04		
Grewia ambongensis Baillon			36 (7)	0,50		
Diospyros sp. 1			26 (5)	0,38		
Tamarindus indica L.					61 (43)	12,86
Treculia perrieri					23 (16)	13,87
Densité totale	5 050		510		141	
Surface terrière totale		3,09		11,85		36,11
Diamètre moyen	2,5 cm		16 cm		52,5 cm	
Hauteur moyenne	3,5 m		14,5 m		19,5 m	

indica, avec quasiment le même nombre de tiges (80 à 90 arbres par hectare). *Hymenodyction occidentale* est cependant plus importante en surface terrière que les deux autres espèces avec 2,36 m²/ha d'aire basale contre 1,81 et 1,90 m²/ha. La strate des émergents est dominée en nombre de tiges par *Hymenodictyon occidentale* et *Tamarindus indica*. Cette dernière constitue l'espèce dominante avec une surface terrière de 3,67 m²/ha contre 2,90 m²/ha pour *Hymenodyction occidentale*.

Cet habitat se trouve sur un replat entre deux ruisseaux. La strate arborée est constituée par des peuplements à base d'*Hymenodictyon occidentale* dans les voies d'eau et dans les colluvions. La canopée relativement fermée de 12m de haut est entrecoupée d'émergents de *Tamarindus indica* et caractérisée par la fréquence de *Hymenodyction occidentale* et de *Bivinia jalberti*. Le sous-bois est caractérisé notamment par la régénération naturelle de *Grewia* et de *Tamariniers indica* ainsi que par la présence de *Malleastrum gracile* et

Tableau 1.4. Vallées et dépressions d'Ankarokaroka (Méandre): densité (avec proportion relative en % entre parenthèses) et surface terrière des espèces les plus représentées et dimensions moyennes des arbres par classe de taille.

Espèces	Classe de diamètre 1–10 cm		Classe de diamètre 10–30 cm		Classe de diamètre > 30 cm	
	N / ha	G / ha	N / ha	G / ha	N / ha	G / ha
Grewia ambongensis Baillon	1640 (41)	1,48				
Macphersonia gracilis Hoffm. var *trichocarpa* Cap.	240 (6)	0,08				
Tamarindus indica L.	200 (5)	0,34	80 (16)	1,90	25 (30)	3,67
Hymenodictyon occidentale Homolle			90 (18)	2,36	33 (40)	2,90
Bivinia jalberti Tul.			87 (17)	1,81		
Grewia ambongensis Baillon	1640 (41)	1,48				
Macphersonia gracilis Hoffm. var *trichocarpa* Cap.	240 (6)	0,08				
Tamarindus indica L.	200 (5)	0,34	80 (16)	1,90	25 (30)	3,67
Hymenodictyon occidentale Homolle			90 (18)	2,36	33 (40)	2,90
Bivinia jalberti Tul.			87 (17)	1,81		
Densité totale	4000		500		83	
Surface terrière totale		3,66		10,19		8,06
Diamètre moyen	3 cm		15,5 cm		34,5 cm	
Hauteur moyenne	4 m		13 m		15,5 m	

Tableau 1.5. Vallées ensablées d'Ankarokaroka: densité (avec proportion relative en % entre parenthèses) et surface terrière des espèces les plus représentées et dimensions moyennes des arbres par classe de taille.

Espèces	Classe de diamètre 1–10 cm		Classe de diamètre 10–30 cm		Classe de diamètre > 30 cm	
	N / ha	G / ha	N / ha	G / ha	N / ha	G / ha
Alchornea alnifolia (Baill) Pax & Hoffm.	606 (20)	1,31	22 (6)	0,37		
Macphersonia gracilis Hoffm. var *trichocarpa* Cap.	364 (12)	0,40				
Grewia ambongensis Baillon	273 (9)	0,16				
Strychnos myrtoides Gilg et Busse	242 (8)	0,61				
Thilacium sp.			92 (25)	2,87		
Tamarindus indica L.			44 (12)	1,49		
Hymenodictyon occidentale Homolle			26 (7)	0,37		
Treculia perrieri					59 (53)	23,36
Alchornea alnifolia (Baill) Pax & Hoffm.	606 (20)	1,31	22 (6)	0,37		
Macphersonia gracilis Hoffm. var *trichocarpa* Cap.	364 (12)	0,40				
Densité totale	3030		368		107	
Surface terrière totale		4,56		8,31		31,63
Diamètre moyen	4 cm		16 cm		56 cm	
Hauteur moyenne	4,5 m		12 m		15 m	

Macphersonia gracilis. Pour la première fois, on a noté la présence du *Pachypodium rutenbergianum* dans cette strate.

Vallées ensablées

Il est remarqué une abondance de tiges dans la strate de sous bois (Tableau 1.5). Le remplissage de la forêt est toutefois assuré par les arbres de la strate des émergents. La canopée assez élevée se trouve à 12m. Les émergents qui entrecoupent la continuité de la canopée atteignent une hauteur de 15m avec un diamètre moyen de 56 cm. Les vallées ensablées à Ankarokaroka semblent être riches au point de vue floristique (Tableau 1.6). Dans le sous-bois, 5 espèces constituent 49% du nombre total de tiges répertoriées. Le recouvrement basal est assuré par *Alchornea alnifolia*. Dans la canopée, 50% du nombre total d'arbres sont représentés par 4 espèces. La strate des émergents est dominée par *Treculia perrieri* qui présente souvent des dimensions importantes (66,7 cm de diamètre moyen et 18,5m de hauteur moyenne).

Du fait de l'accumulation du sable suite à l'érosion, seules les tiges de grande dimension notamment de *Tamarindus indica*, *Treculia perrieri* et *Bosqueia boiviniana* peuvent se maintenir. La canopée très discontinue se trouve entre 6 et 10m de haut et est caractérisée par la présence de *Mammea punctata*. On note l'abondance de *Jatropha curcas* dans les trouées. Le sous-bois est très clair avec des perchis et gaulis de *Bauhinia monandra*, *Leea guineensis*, *Malleastrum gracile* et *Jatropha curcas*. La strate herbacée est quasi-absente car ensevelie par les couches de sable. Il est constaté qu'à la suite des effets périodiques d'ensablement et du surpâturage il se développe dans la région une végétation secondaire dont la majorité des éléments appartiennent à la forêt primitive elle-même. Cette végétation est constituée par des espèces variées d'arbres, d'arbustes ou par des buissons telles que *Croton* spp., *Grewia* spp., *Tabernaemontana coffeoides*, *Leea guineensis* et de nombreuses lianes à base de *Combretum* sp., *Premna longiacuminata*, *Dalechampia* sp. Sur les sols sableux, le recru peut évoluer vers une reconstitution forestière si le surpâturage, la dégradation du sol par l'érosion ont suffisamment diminué leur pression.

Conclusion pour Ankarokaroka

Au point de vue structural, il est remarqué un nombre élevé d'arbres partout dans les cinq habitats visités. Le bas-fond nord-ouest semble être pourtant le plus riche en nombre de tiges et possède la surface terrière la plus élevée avec 51, 05 m²/ha. Cet habitat présente également une hauteur moyenne assez élevée (12,5m). C'est en tout cas la station la plus fertile. Concernant la diversité floristique, il est constaté une tendance à la simplification de la composition floristique attribuée en particulier à l'ensablement très accentué subi par la zone et au surpâturage. Le Tableau 1.6 résume les caractéristiques structurales des différents types d'habitats rencontrés dans le site d'Ankarokaroka.

Tsimaloto

Le second site d'investigation est situé dans la partie est de la Réserve (16°13'44.4"S, 47°8'34.8"E), aux environs du Lac Tsimaloto. Le type de formation rencontré se rapproche encore de l'état de forêt primaire. En effet, l'éloignement du site des villages et la présence du lac sacré de Tsimaloto ont épargné cette forêt des différentes pressions. La végétation est principalement forestière. Elle est représentée par une forêt dense, caducifoliée en saison sèche. Des adaptations xérophytiques apparaissent ponctuellement sur les versants et les hauteurs en fonction de l'aridité et du type de sol notamment de texture sableuse.

La prospection et l'analyse sommaire des photos aériennes corroborées avec l'analyse des données obtenues sur le terrain ont permis de déterminer 5 types d'habitats qui sont:

- les vallées à proximité des cours d'eau;
- le bord du lac;
- les versants (bas de pente, mi-versant, haut versant);
- les replats sommitaux;
- les sables blancs.

Vallées

Il apparaît que le nombre de tiges le plus élevé est observé dans le sous-bois (Tableau 1.7). Ce qui indique un

Tableau 1.6. Données générales sur le site d'Ankarokaroka.

Habitat	N/ha	G/ha	Diamètre moyen en cm	Hauteur moyenne en m
Versant	4 653	21,86	9,5	7
Bas-fond sud-ouest	4 385	35,18	19	10,5
Bas-fond nord-ouest	5 701	51,05	23,5	12,5
Méandre	4 583	21,91	10,5	9
Vallée ensablée	3 505	44,51	16	9,5
Moyenne		34,90	15	9,5

Tableau 1.7. Vallées de Tsimaloto: densité (avec proportion relative en % entre parenthèses) et surface terrière des espèces les plus représentées et dimensions moyennes des arbres par classe de taille.

Espèces	Classe de diamètre 1–10 cm		Classe de diamètre 10–30 cm		Classe de diamètre > 30 cm	
	N / ha	G / ha	N / ha	G / ha	N / ha	G / ha
Rinorea greveana Baillon	1 947 (37)	1,09	429 (36)	8,53		
Prockiopsis hildebrandtii Baillon	1 000 (19)	2,53				
Bosqueia boiviniana Baillon			429 (36)	11,03	14 (13)	1,52
Allaeanthus greveanus (Baill) Cap.					26 (24)	7,21
Zanthoxylon tsihanimposa Perrier					12 (11)	3,30
Albizia gummifera (Gmel.) Sm.					7 (7)	2,01
Densité totale	5 263		1190		107	
Surface terrière totale		5,51		28,26		25,00
Diamètre moyen	3 cm		16,5 cm		51 cm	
Hauteur moyenne	5 m		11 m		16 m	

dynamisme important du peuplement en question. Le remplissage de la forêt est toutefois assuré par les arbres se trouvant dans la canopée, principalement par *Bosqueia boiviniana* avec 11,03 m²/ha de surface terrière. La strate des émergents qui se trouve à 16m de hauteur dénote une productivité importante de la station. La végétation des vallées à Tsimaloto est assez peu diversifiée dans les deux premières strates (Tableau 1.7). En effet, 2 espèces seulement présentent respectivement 56% et 72% du nombre total d'arbres dans le sous-bois et la canopée. La strate des émergents est plus diversifiée cependant avec 4 espèces d'arbres (*Allaeanthus greveanus, Bosqueia boiviniana, Zanthoxylon tsihanimposa* et *Albizia gummifera*) qui représentent 55,6% du nombre total d'arbres.

Ce type d'habitat se rencontre le long des cours d'eau qui alimentent le lac. C'est une forêt primaire à l'état relativement intact. La canopée assez élevée (14 à 16m de haut) est uniforme et continue. La futaie est constituée par de moyens et gros arbres à contreforts tels que *Diospyros pervillei, Bosqueia boiviniana* et *Allaeanthus greveanus*. Les émergents sont fréquents et peuvent atteindre 25m de haut. Le sous-bois est moyennement dense et représenté par des espèces telles que *Rinorea greveana, Prockiopsis hildebrandtii* et *Maillardia occidentalis*. Les lianes sont peu fréquentes mais peuvent atteindre 5–7cm de diamètre et sont représentées par *Combretum*. On a observé la présence d'Orchidaceae épiphytes (*Angraecum*) notamment sur *Dalbergia greveana*. La strate herbacée est omniprésente, continue avec une abondance de plantules et de Graminaceae. Ainsi, des jeunes plants de *Dypsis* sont fréquemment observés. Des agrégats d'orchidées terrestres du genre *Nervillea* sont rencontrés assez souvent. Le sol, assez sableux (à dominance de sable roux) a une apparence fertile, de couleur noire dénotant une richesse en humus. La litière assez épaisse est bien décomposée. Toutefois, on observe un enracinement très superficiel des arbres qui constitue un risque pour la stabilité du peuplement en cas de vents violents.

Bord du lac

Le peuplement situé au bord du lac présente une dynamique importante avec 10 000 tiges à l'hectare dans le sous bois (Tableau 1.8). Comme dans les vallées, la végétation est plus dense dans la canopée (recouvrement basal: 17,26 m²/ha) avec occurrence remarquable d'émergents. Très dynamique, le peuplement au bord de lac présente une diversité très intéressante si on ne se réfère qu'au niveau des espèces les plus représentées (Tableau 1.8). Dans le sous-bois, 5 espèces dominent le peuplement, particulièrement *Rheedia calcicola*. La canopée est principalement composée par 7 espèces d'arbres qui représentent 51% du nombre total de tiges. *Diospyros* sp. constitue l'espèce la plus abondante en nombre de tiges et la plus recouvrante en surface terrière (3,61 m²/ha). Dans la strate des émergents, seulement 2 espèces d'arbres (*Stereospermum euphorioides* et *Ficus pachyclada*) constituent 50% du nombre total d'arbres recensés.

Près du lac, la végétation est très dense. La canopée est relativement fermée sur une hauteur de 5m et est constituée par une futaie de taille moyenne de diamètre compris entre 3 et 12cm. Les gros arbres sont assez nombreux mais irrégulièrement répartis, par exemple, *Stereospermum euphorioides, Dalbergia purpurescens* et *Cedrelopsis microfoliolata*. Le sous-bois est représenté par beaucoup de petites tiges et des lianes entremêlées parmi lesquelles *Prockiopsis hildebrandtii*. La strate herbacée est très lâche et composée notamment de plantules de *Diospyros*. On a pu observer également la présence d'Aloe et de *Jumellea* dans cette strate. Le sol humide en permanence a l'apparence fertile et permet le développement de nombreuses espèces.

Tableau 1.8. Bord du Lac à Tsimaloto: densité (avec proportion relative en % entre parenthèses) et surface terrière des espèces les plus représentées et dimensions moyennes des arbres par classe de taille.

Espèces	Classe de diamètre 1–10 cm		Classe de diamètre 10–30 cm		Classe de diamètre > 30 cm	
	N / ha	G / ha	N / ha	G / ha	N / ha	G / ha
Rheedia calcicola Jum. et Perr.	1700 (17)	1,36				
Nesogordonia stylosa Perrier	1200 (12)	1,33				
Prockiopsis hildebrandtii Baillon	1000 (10)	0,67				
Dracaena sp.	600 (6)	0,68				
Rothmannia verucosa	600 (6)	0,68				
Diospyros sp. 1			131 (17)	3,61		
Dalbergia greveana Baillon			62 (8)	1,91		
Commiphora rachi rouge			46 (6)	0,63		
Polyscias sp.			46 (6)	0,82		
Bosqueia boiviniana Baillon			38 (5)	0,91		
Commiphora aprevalii (Bail) Guillaumain			38 (5)	0,47		
Strychnos madagascariensis Poiret			38 (5)	0,79		
Stereospermum euphorioides DC					23 (30)	6,29
Ficus pachyclada Baker					15 (20)	1,40
Densité totale	**10 000**		**769**		**77**	
Surface terrière totale		**10,85**		**17,26**		**11,76**
Diamètre moyen	**3 cm**		**16 cm**		**42 cm**	
Hauteur moyenne	**4,5 m**		**10 m**		**15 m**	

Tableau 1.9. Versants à Tsimaloto: densité (avec proportion relative en % entre parenthèses) et surface terrière des espèces les plus représentées et dimensions moyennes des arbres par classe de taille.

Espèces	Classe de diamètre 1–10 cm		Classe de diamètre 10–30 cm		Classe de diamètre > 30 cm	
	N / ha	G / ha	N / ha	G / ha	N / ha	G / ha
Prockiopsis hildebrandtii Baillon	900 (13,5)	0,65				
Diospyros sp. 1	700 (10,5)	0,71				
Dracaena sp.	533 (8)	0,53				
Noronhia sp.	367 (5,5)	0,53				
Rinorea arborea Baillon	333 (5)	1,43	62 (12)	0,85		
Alchornea alnifolia (Baill) Pax et Hoffm.	267 (4)	0,74				
Strychnos myrtoides Gilg et Busse	267 (4)	0,06				
Strychnos madagascariensis Poiret			129 (25)	1,92		
Fernandoa madagascariensis (Spr.)			36 (7)	0,56		
Bosqueia boiviniana Baillon			26 (5)	0,68		
Diospyros sakalavarum Perrier			26 (5)	0,85		
Dalbergia chlorocarpa Viguier					13 (22)	1,51
Stereospermum euphorioides DC					10 (17)	1,49
Dalbergia trichocarpa Baker					8 (14)	0,88
Densité totale	**6 667**		**515**		**60**	
Surface terrière totale		**4,45**		**9,84**		**7,54**
Diamètre moyen	**3,5 cm**		**15 cm**		**39 cm**	
Hauteur moyenne	**4 m**		**9,5 m**		**16 m**	

Versants

Très dynamique également, compte tenu de l'abondance des tiges dans le sous bois (Tableau 1.9), ce peuplement présente toutefois des surfaces terrières faibles par rapport aux autres habitats rencontrés dans le site, et même en comparaison avec les habitats des autres sites. Toutefois, le peuplement dispose d'une hauteur d'émergents assez élevée et de tiges de relativement gros diamètre. La moitié des individus est représentée par 7 espèces dans la strate des sous-bois, 5 espèces dans la canopée; et 3 espèces dans la strate des émergents (Tableau 1.9). Les espèces les plus abondantes sont *Prockiopsis hildebrandtii* dans le sous-bois, *Strychnos madagascariensis* dans la canopée et *Dalbergia chlorocarpa* dans la strate des émergents. Dans la strate de sous bois, *Rinorea arborea* occupe la plus grande partie du peuplement en surface terrière avec 1,43 m²/ha. Dans la canopée et la strate des émergents, le recouvrement est assuré respectivement par *Strychnos madagascariensis*, d'une part et *Dalbergia chlorocarpa* et *Stereospermum euphorioides* d'autre part.

En bas de pente, la canopée assez basse (6m de haut) est discontinue avec présence d'émergents, notamment *Dalbergia trichocarpa* et *Bosqueia boiviniana*. Les arbres sont généralement de petite taille avec un diamètre tournant autour de 5cm. Le sous-bois est dense avec beaucoup de plantules. *Strychnos* est parmi la plus fréquente. Les lianes sont abondantes. A mi-versant, la hauteur de la canopée diminue avec une hauteur autour de 4m. De grosses tiges de *Stereospermum euphorioides* de diamètre supérieur à 20cm ainsi que des *Dypsis* ont été notées. Le sous-bois est dense avec la dominance de *Strychnos madagascariensis*. En haut de versant, la voûte forestière est très basse et très ouverte ne dépassant guère 3m de hauteur. Le sous-bois est dense avec

prédominance d'espèces telles que *Prockiopsis hildebrandtii*, *Rinorea greveana* et *Noronhia* sp.

Replats sommitaux

Il est à remarquer qu'aucune grosse tige (diamètre > 30 cm) n'a été rencontrée dans la forêt localisée sur les replats sommitaux (Tableau 1.10). La structure de la végétation est caractérisée par la tendance à la monostratification et par l'abondance de petites tiges. La canopée assez basse (hauteur: 7,5 m) contient toutefois des arbres de diamètre moyen (14 cm).

Dans le sous bois, 4 espèces représentent 54% des arbres recensés (Tableau 1.10). *Norhonia* sp. constitue l'espèce la plus représentée en nombre de tiges, et assure avec *Commiphora aprevalii* le remplissage de la forêt. Dans l'étage supérieur, 51% des arbres appartiennent à 6 espèces et le recouvrement basal du peuplement est assuré notamment par *Commiphora aprevalii* et *Dalbergia peltieri*.

Sur les replats sommitaux, la physionomie des peuplements est assez différente selon l'exposition. Sur la partie est, la forêt est plus basse et la canopée atteint au maximum 3m de hauteur. Le peuplement est très serré, dense et constitué notamment par des espèces de diamètre inférieur à 5cm telles que *Homskioldia microcalyx*, *Baudouinia fluggeiformis* et *Commiphora brevicalyx*. Le sous-bois est également très dense, presque inextricable avec une abondance d'*Acalypha*, de *Croton* et d'orchidées terrestres. La sclérophyllie et la microphyllie sont très accentuées. Le sol de la forêt est très sableux, pauvre en matière organique et recouvert par une litière peu épaisse et peu décomposée. Sur la partie Ouest, la forêt est moins exposée au vent et est plus haute avec une canopée qui se trouve entre 6 et 8m de

Tableau 1.10. Replats sommitaux à Tsimaloto: densité (avec proportion relative en % entre parenthèses) et surface terrière des espèces les plus représentées et dimensions moyennes des arbres par classe de taille.

Espèces	Classe de diamètre 1–10 cm		Classe de diamètre 10–30 cm		Classe de diamètre > 30 cm	
	N / ha	G / ha	N / ha	G / ha	N / ha	G / ha
Noronhia sp.	2 286 (24)	1,52				
Croton spp.	1 048 (11)	0,45				
Commiphora brevicalix H. Perr.	1 000 (10,5)	0,37				
Commiphora aprevalii (Bail) Guillaumain	810 (8)	1,49	88 (15)	1,43		
Dalbergia peltieri Bosser et Rabevohitra			53 (9)	1,34		
Baudouinia fluggeiformis Baillon			47 (8)	0,92		
Apaloxylon madagascariense Drake			41 (7)	0,65		
Protorhus deflexa Perrier			35 (6)	0,56		
Rhopalocarpus similis Hemsl ssp. *velutina* Cap.			35 (6)	0,43		
Densité totale	9 524		588		0	
Surface terrière totale		10,12		7,33		
Diamètre moyen	3,5 cm		14 cm			
Hauteur moyenne	4 m		7,5 m			

hauteur. On note de temps en temps la présence d'arbres de moyenne dimension, de diamètre supérieur à 15cm tels que *Commiphora* et *Rhopalocarpus similis* ssp. *velutina*. Le sous-bois constitué par des *Croton* et *Noronhia* sp. est plutôt clair avec des lianes dans les endroits moins ombragés. La régénération naturelle de *Noronhia* sp. est profuse. Dans cette station, la sclérophyllie et la microphyllie sont également très marquées. Dans la strate herbacée, des espèces de la famille des Amaryllidaceae ainsi que des *Euphorbia* sont fréquentes. Le sol est sableux et riche en matière organique incorporée. La litière est relativement épaisse.

Sables blancs

Du fait des conditions écologiques de la station (aridité, substrat sableux), la végétation assez caractéristique présente un nombre élevé de petites et de moyennes tiges (Tableau 1.11). Le recouvrement est assuré cependant par les arbres de diamètre compris entre 10 cm et 30 cm. La canopée assez basse (9 m de haut) est composée parfois de tiges de diamètre moyen. 52,7% des tiges du sous-bois sont composées de 7 espèces, dont 27,3% représentés par *Noronhia* sp. Le remplissage de ce sous-bois est assuré principalement par *Blotia* sp. Par ailleurs, 50% des tiges de la strate supérieure sont composées de 4 espèces, dont 2 (*Dalbergia greveana* et *Nesogordonia stylosa*) garantissent le recouvrement basal.

Avec l'accroissement de l'aridité, la végétation sur sable blanc présente des formes biologiques spécialisées qui lui confèrent une physionomie particulière. Parmi ces formes, les plus caractéristiques sont *Commiphora brevicalyx*, *Euphorbia*, *Vaughania dionaeifolia* qui présentent différentes adaptations à l'aridité comme le nanisme, la pubescence des feuilles, la crassulescence, la spinescence, la microphyllie et la sclérophyllie. Cette végétation est souvent groupée en agrégats. Le peuplement est bas avec une hauteur maximale de 3m et les arbres les plus représentés sont *Dalbergia greveana*, *Rhopalocarpus similis*, *Perrierodendron boinense*, *Enterospermum rotundifolium*. Des lichens du genre *Usnea* et des parasites du genre *Viscum* se rencontrent bien souvent sur

Tableau 1.11. Sable blanc à Tsimaloto: densité (avec proportion relative en % entre parenthèses) et surface terrière des espèces les plus représentées et dimensions moyennes des arbres par classe de taille.

Espèces	Classe de diamètre 1–10 cm		Classe de diamètre 10–30 cm		Classe de diamètre > 30 cm	
	N / ha	G / ha	N / ha	G / ha	N / ha	G / ha
Noronhia sp.	3 154 (27)	1,23				
inconnu	692 (6)	1,56				
Tarenna bec de canard	577 (5)	0,38				
Helmiopsis inversa Perrier	500 (4)	0,33				
Commiphora brevicalix H. Perr.	385 (3)	0,35				
Croton spp.	385 (3)	0,12				
Tabernaemontana coffeoides Boj ex A.DC	385 (3)	0,12				
Dalbergia greveana Baillon			164 (23)	2,98		
Nesogordonia stylosa Perrier			71 (10)	2,17		
Securinega seyrigii Leandri			64 (9)	2,00		
Terminalia boivini Tul.			57 (8)	1,24		
Densité totale	**7 692**		**714**		**0**	
Surface terrière totale		**6,00**		**16,52**		
Diamètre moyen	**2,5 cm**		**16,5 cm**			
Hauteur moyenne	**4 m**		**9 m**			

Tableau 1.12. Données générales sur le site de Tsimaloto.

Habitat	N/ha	G/ha	Diamètre moyen en cm	Hauteur moyenne en m
Vallées	6 561	58,77	10	7
Bord du lac	10 846	39,88	23,5	9
Versants	3 909	25,56	19	10,5
Replats sommitaux	10 112	15,55	13,5	12,5
Sable blanc	8 407	21,13	10,5	9

les tiges. Les *Aloe* sont fréquents dans la strate herbacée. Le sol est composé notamment de sable blanc lessivé. La matière organique en proportion très faible est peu incorporée au sable.

Conclusion pour Tsimoloto

D'une façon générale, le site de Tsimaloto dispose d'une grande diversité spécifique. Les bords du lac et les replats sommitaux présentent une abondance élevée d'arbres (Tableau 1.12). Les vallées et les versants sont plutôt peu denses en nombre de tiges. Toutefois, les vallées ont un degré de remplissage très élevé. Les replats sommitaux sont souvent colonisés par des tiges de hauteur moyenne (12,5 m) constituant la canopée. Compte tenu de ces résultats, le site de Tsimaloto présente une diversité très intéressante au point de vue habitats. Par ailleurs, il a été remarqué que la zone n'a pas subi trop de pressions anthropiques. L'aspect plus ou moins intact des paysages et de la structure de la végétation lui confère un intérêt particulier pour la conservation.

Antsiloky

Le dernier site d'investigation, Antsiloky se trouve le long de la rivière Karambao presque au cœur de la Réserve (16°13'37.2"S, 46°57'46.8"E). La végétation rencontrée dans cette zone est également typique du Domaine de l'Ouest. C'est une forêt tropophile à xérophilie périodique. La répartition et la nature des peuplements forestiers sont fonction des facteurs édaphiques.

La prospection sur le terrain a permis d'identifier 4 types d'habitats à savoir:

- la forêt de marécage;
- le fourré xérophile sur sable blanc sommital;
- la forêt sèche semi-caducifoliée sur plateau;
- la forêt ripicole.

Forêt de marécage

La forêt de marécage, du fait de l'humidité permanente et de la stagnation, est favorable seulement pour des espèces adaptées. Ce qui explique l'abondance relativement peu élevée des tiges entre 1 cm et 10 cm (Tableau 1.13) en comparaison avec l'abondance observée dans les autres habitats visités. Il est remarqué cependant un nombre plus élevé de tiges de gros diamètre (156/ha). Le recouvrement basal est assuré par les arbres de la canopée et ceux de la strate des émergents. Ce peuplement est également remarquable par la hauteur élevée (18m) de la voûte claire mais continue.

La forêt de marécage n'est pas très diversifiée au point de vue floristique (Tableau 1.13). Ce qui est à attribuer également aux conditions édaphiques de l'habitat. 55% des tiges rencontrées dans le sous-bois sont constituées seulement par 2 espèces, 58% des tiges dans la canopée par 3 espèces et 54% des tiges dans la strate des émergents par 2 espèces. *Uapaca* sp. est présente et presque dominante dans toutes les strates.

La forêt située dans les marécages, dans les dépressions ou les vallées temporairement inondées, compte une majorité de *Raphia farinifera*, de grands arbres à feuilles caduques et à hauts contreforts de 2–3m (*Canarium madagascariense*) ainsi que de grands arbres à feuilles persistantes avec de hautes racines échasses (*Uapaca* sp., *Pandanus* sp.). Le *Raphia* se trouve souvent associé avec un certain nombre d'espèces de fougères (*Cyclosorus unitus*, *Lechnum* sp.). Cette forêt est constituée par un peuplement régulier de grands arbres atteignant 20–25cm de diamètre et 20–25m de hauteur comme les *Canarium madagascariense*, *Uapaca* sp., *Voacanga thouarsii*, et *Ravensara perrieri*. La canopée est assez fermée et

Tableau 1.13. Forêt de marécage à Antsiloky: densité (avec proportion relative en % entre parenthèses) et surface terrière des espèces les plus représentées et dimensions moyennes des arbres par classe de taille.

Espèces	Classe de diamètre 1–10 cm		Classe de diamètre 10–30 cm		Classe de diamètre > 30 cm	
	N / ha	G / ha	N / ha	G / ha	N / ha	G / ha
Colea muricata Perrier	757 (28)	1,32				
Uapaca sp.	730 (27)	1,39	164 (21)	2,93	47 (30)	3,83
Mascarenhasia arborescens A. DC			219 (28)	5,24		
Pandanus sp. 1			70 (9)	6,10		
Rheedia calcicola Jum. et Perr.					38 (24)	7,12
Densité totale	2 703		781		156	
Surface terrière totale		5,46		25,36		26,82
Diamètre moyen	4,5 cm		19,5 cm		42 cm	
Hauteur moyenne	6 m		12,5 m		18 m	

Tableau 1.14. Forêt ripicole à Antsiloky: densité (avec proportion relative en % entre parenthèses) et surface terrière des espèces les plus représentées et dimensions moyennes des arbres par classe de taille.

Espèces	Classe de diamètre 1–10 cm		Classe de diamètre 10–30 cm		Classe de diamètre > 30 cm	
	N / ha	G / ha	N / ha	G / ha	N / ha	G / ha
Bosqueia calcicola Leandri	1 833 (33)	2,56				
Wielandia elegans Bn. var *perrieri* Leandri	889 (16)	1,62				
Rothmannia foliacea	778 (14)	0,33				
Cleistanthus sp.			306 (52)	9,02	88 (60)	9,01
Densité totale	**5 506**		**588**		**147**	
Surface terrière totale		**7,29**		**15,61**		**25,20**
Diamètre moyen	**3 cm**		**17,5 cm**		**43 cm**	
Hauteur moyenne	**6 m**		**13,5 m**		**18 m**	

entrecoupée d'émergents des espèces sus-citées. Le sous-bois très clair est composé notamment de la régénération naturelle du *Canarium*, de l'*Uapaca* et d'autres espèces comme les *Dracaena*, *Pandanus* et *Raphia*. Les clairières sont colonisées par *Haronga madagascariensis* et *Fernandoa madagascariensis*. Le sol périodiquement inondé et entretenant une humidité permanente permet le développement de grands arbres.

Forêt ripicole

La forêt ripicole est caractérisée par un nombre important de petites et moyennes tiges de diamètre moyen de 3 cm (Tableau 1.14). Le remplissage de la forêt est assuré notamment par les arbres de la canopée et par les émergents. Du fait des conditions de station favorables (en particulier, l'humidité en permanence), les arbres sont plus gros en diamètre et de hauteur plus élevée. Comme dans la forêt de marécage, la diversité floristique est faible. Dans la strate de sous bois, 49% des tiges rencontrées sont constituées seulement par 3 espèces (Tableau 1.14). La canopée et la strate des émergents sont représentées seulement et principalement par *Cleistanthus* sp. Dans le sous-bois, le remplissage de la forêt est assuré principalement par *Bosqueia calcicola* et *Wielandia elegans*.

C'est le type de forêt sis dans les bas-fonds le long de la rivière ou le long des marécages. C'est une forêt assez haute avec beaucoup de grosses tiges de diamètre compris entre 15 et 20 cm telles que *Stereospermum euphorioides*, *Dalbergia purpurescens* et *Canarium madagascariense*. La canopée faisant à peu près 12m de hauteur est relativement fermée avec des émergents. On observe la présence de contreforts chez certaines espèces comme *Canarium* mais qui sont peu développés en comparaison avec ceux des espèces se trouvant dans les marécages. Le sous-bois est dense dans les clairières avec beaucoup de lianes telles que *Agelaea pentagyna* et plus clair sous les grands arbres. Les espèces les plus représentées sont *Hirtella porosa* et *Wielandia elegans*. La strate herbacée est surtout composée de régénérations issues des grands arbres. Le sol est riche en limon et recouvert d'une litière épaisse mais bien décomposée.

Forêt sèche semi-caducifoliée

La forêt sèche semi-caducifoliée apparaît très riche en petites et moyennes tiges (Tableau 1.15). Les arbres de gros diamètre (diamètre > 30 cm) sont quasi-absents. La strate de la canopée se trouve à 12 m de hauteur et contient quelques grosses tiges de diamètre moyen de 16 cm. Le recouvrement basal est assuré particulièrement par les arbres de la canopée. Au point de vue floristique, le sous bois est assez diversifié avec 6 espèces qui représentent 53% des tiges inventoriées (Tableau 1.15). Dans la canopée, 55% des tiges sont constituées seulement par 3 espèces. Le remplissage de la forêt est assuré respectivement par *Noronhia sp* et *Canthium buxifolium* dans le sous-bois, et par *Rhopalocarpus similis* dans l'étage supérieur.

Ce type de forêt couvre notamment les versants et les replats sommitaux. C'est une végétation relativement peu élevée, à dominance de petites tiges. Par endroits, on observe toutefois des arbres de taille moyenne avec un diamètre pouvant atteindre 20 cm. La canopée se trouve à 6–8 m de hauteur. Les émergents peuvent atteindre 12m de haut et sont souvent représentés par *Cerbera venenifera*, *Bussea perrieri* et *Rhopalocarpus similis*. La strate intermédiaire est caractérisée par un peuplement serré de petits arbres tels *Securinega seyrigii* et *Wielandia elegans*. La microphyllie et la sclérophyllie sont très accentuées à cet étage. Des orchidées du genre *Angraecum* sont fréquentes entre 6 et 10m de haut. Le sous-bois est riche en espèces appartenant à la famille des Rubiaceae telles que *Enterospermum bernierianum* et *Canthium buxifolium* ainsi qu'en Acalypha. Dans les basses strates, *Pandanus* et *Euphorbia* sont fréquentes. Le sol sableux est souvent recouvert d'une litière assez épaisse. La matière organique est bien incorporée au sable. Il est à remarquer qu'une partie de cette formation a été atteinte par le feu il y a quelques années. Il en résulte une végétation très dégradée

Tableau 1.15. Forêt sèche semi-caducifoliée à Antsiloky: densité (avec proportion relative en % entre parenthèses) et surface terrière des espèces les plus représentées et dimensions moyennes des arbres par classe de taille.

Espèces	Classe de diamètre 1–10 cm		Classe de diamètre 10–30 cm		Classe de diamètre > 30 cm	
	N / ha	G / ha	N / ha	G / ha	N / ha	G / ha
Enterospermum bernierianum ssp. *occidentale*	2 167 (13)	1,50				
Canthium buxifolium	1 667 (10)	1,46				
Croton sp.	1 500 (9)	0,25				
Tarenna sp.	1 333 (8)	1,00				
Noronhia sp.	1 167 (7)	1,69				
Acalypha sp.	1 000 (6)	0,17				
Securinega seyrigii Leandri			199 (33)	2,20		
Cerbera venenifera			66 (11)	1,02		
Rhopalocarpus similis Heussl ssp. *velutina* Cap			66 (11)	5,12		
Densité totale	**16 667**		**862**		**0**	
Surface terrière totale		**13,91**		**18,91**		
Diamètre moyen	**3 cm**		**16 cm**			
Hauteur moyenne	**4 m**		**12 m**			

Tableau 1.16. Fourré xérophytique à Antsiloky: densité (avec proportion relative en % entre parenthèses) et surface terrière des espèces les plus représentées et dimensions moyennes des arbres par classe de taille.

Espèces	Classe de diamètre 1–10 cm		Classe de diamètre 10–30 cm		Classe de diamètre > 30 cm	
	N / ha	G / ha	N / ha	G / ha	N / ha	G / ha
Leroyia madagascariensis Cavaco	4 167 (25)	2,99				
Diporidium sp. 2	4 000 (24)	2,44				
Paracorynanthe antakarana R. Cap ex Leroy	1 667 (10)	1,69				
Densité totale	**16 667**		**0**		**0**	
Surface terrière totale		**10,69**		**0**		
Diamètre moyen	**3 cm**					
Hauteur moyenne	**4 m**					

presque inextricable à dominance de lianes et d'espèces secondaires héliophiles.

Fourré xérophytique sur sable blanc
La végétation basse de fourré xérophytique sur sable blanc est caractérisée par l'abondance très élevée de petites tiges (diamètre moyen: 2 cm). La structure verticale est unistrate (Tableau 1.16). Les conditions édaphiques expliquent en grande partie la diversité floristique très faible constatée pour les arbres de cet habitat. En effet, 59% des individus rencontrés sont représentés seulement par 3 espèces (Tableau 1.16). Il est à remarquer toutefois que cette diversité est élevée au point de vue spécifique si on considère tous les types biologiques.

C'est une formation propre aux stations plus arides. Ce type de végétation est caractérisé par l'abondance de formes xérophiles. C'est une végétation arbustive basse avec des espèces de taille et de feuillage réduites. La canopée se trouve à 2 m de hauteur. Le peuplement est serré avec des tiges de petite dimension entre 1 et 5 cm de diamètre. Les formes d'adaptation comme la microphyllie, la sclérophyllie, la pachycaulie, la crassulescence, la pubescence des feuilles, la spinescence sont très accentuées. Ces formes se rencontrent chez la plupart des espèces rencontrées: *Commiphora brevicalyx*, *Pachypodium rutenbergianum*, *Vaughania dionaeifolia*, *Bauhinia* sp et *Rothmannia* sp. Des lichens du genre *Usnea* sont fréquents sur les branches. La strate herbacée est composée d'espèces de Liliaceae, Selaginaceae et de *Cyperus* sp. Les *Aloe* sont également fréquentes. Le sol constitué notamment de sable lessivé est pauvre en matière organique. La litière est souvent épaisse sous la végétation forestière.

Tableau 1.17. Données générales sur le site d'Antsiloky.

Habitat	N/ha	G/ha	Diamètre moyen en cm	Hauteur moyenne en m
Forêt de marécage	3 640	57,64	18	11
Forêt ripicole	6 291	48,11	14	10,5
Forêt sèche semi-caducifoliée	17 529	32,82	9	8,5
Fourré xérophytique sur sable blanc	16 667	10,69	2,5	3
Moyenne		**37,32**	**12,5**	**9**

Conclusion pour Antsiloky

D'une façon générale, le site d'Antsiloky présente une diversité importante au niveau habitat. Malheureusement, à cause de l'intervention de l'homme cette diversité a une forte tendance à la monospécification. Un aperçu sur les caractéristiques structurales des différents habitats visités dans le site d'Antsiloky montre la densité élevée en nombre de tiges de la forêt sèche semi-caducifoliée et du fourré xérophytique sur sable blanc (Tableau 1.17). La forêt de marécage et la forêt ripicole qui bénéficient de conditions favorables de station, présentent une productivité importante dénotée par la présence d'arbres de gros diamètre et de hauteur élevée.

Conclusion générale pour les trois sites

Dans les trois sites étudiés et visités, on remarque des particularités communes concernant les types d'habitats et les communautés végétales les inféodant. Du fait des conditions écologiques (plus de mois écologiquement secs, sols sédimentaires), la végétation présente une physionomie tropophile et une structure étagée mais variant très vite avec les types de sol et les degrés de perturbations. Les communautés végétales rencontrées sont caractéristiques de la région et bien souvent des habitats. Même si la diversité spécifique n'est pas très prononcée, des espèces méritent des attentions particulières de conservation car elles constituent des espèces "clefs de voûte" qui ont une importance dans la chaîne alimentaire et les fonctions écologiques qu'elles assument.

Richesse spécifique

83 familles, 263 genres et 441 espèces ont été inventoriées au total lors de l'étude des flores herbacée et forestière (Annexe 2). Les familles les plus importantes sont les Rubiaceae (24 genres et 43 espèces), Fabaceae (24 genres et 41 espèces), Euphorbiaceae (19 genres et 37 espèces), Apocynaceae (9 genres et 14 espèces), Poaceae (7 genres et 14 espèces) et Acanthaceae (7 genres et 10 espèces). Il faut préciser que nous avons éliminé du relevé de la flore herbacée les plantules issues de la régénération naturelle des essences forestières ainsi que les diverses espèces de la flore forestière.

Flore forestière

Au niveau de la flore forestière, Tsimaloto est le site le plus riche floristiquement et Ankarokaroka le site le plus pauvre (Tableau 1.18; Annexe 2). Sur les 55 familles répertoriées dans les trois sites (dans et hors transects, Annexe 1), 36 sont présentes à Ankarokaroka, 46 à Tsimaloto et 39 à Antsiloky. Sur les 166 genres identifiés, 82 sont présents à Ankarokaroka, 125 à Tsimaloto et 101 à Antsiloky. Sur les 287 espèces répertoriées dont 2 inconnues:

- 127 sont présentes à Ankarokaroka; 157 à Tsimaloto et 137 à Antsiloky.
- 25 sont communes aux 3 sites. Nous y voyons représentées 3 espèces de *Dalbergia*, 2 espèces de *Strychnos*, *Zanthoxylon tsihanimposa*, *Bivinia jalberti* et *Tamarindus indica*.
- 34 sont présentes à Ankarokaroka et Tsimaloto avec comme exemple *Allaeanthus greveanus*, *Bridelia pervilleana*, *Olax pseudaleia*, *Terminalia tropophylla* et *Polycardia lateralis*.

Tableau 1.18. Nombre des taxons recensés dans les trois sites au cours de l'inventaire de la flore forestière (avec entre parenthèses, le nombre de taxa présents dans les transects seuls).

Site	Ankarokaroka	Tsimaloto	Antsiloky	Total
Nombre familles	37	46	43	55 (55)
Nombre genres	84	115	101	166 (163)
Nombre taxons	127	157	137	287 (247)

- 33 sont représentées à Tsimaloto et Antsiloky avec comme exemple *Perrierodendron boinense*, *Baudouinia fluggeiformis*, *Cinnamosma fragrans* et *Rhopalocarpus similis*.

- 11 sont représentées à Ankarokaroka et Antsiloky avec comme exemple *Antidesma petiolare*, *Hildegardia erythrosiphon* et *Rhopalopilia madagascariensis*.

- 55 n'ont été trouvées qu'à Ankarokaroka, telles que *Albizia jaubertiana*, *Cedrelopsis grevei*, *Dalbergia glaberrima*, *Diospyros tropophylla* et *Treculia perrieri*.

- 63 n'ont été trouvées qu'à Tsimaloto, telles que *Apaloxylon madagascariense*, *Bathiorhamnus louvelii* var *reticulatus*, *Diospyros* spp., *Enterospermum* spp. et *Homalium albiflorum*.

- 66 n'ont été trouvées qu'à Antsiloky, telles que *Canarium madagascariense*, *Cerbera venenifera*, *Haronga madagascariensis*, *Uapaca* sp. et *Mascarenhasia arborescens*.

Une grande part des espèces (64,1%) n'a donc été rencontrée que dans un site, ce qui suggère que les trois sites ont chacun un flore fort différente. Cette première impression est confortée lorsqu'on examine les espèces les plus abondantes recensées dans ces trois sites. A **Ankarokaroka**, les espèces les plus représentées dans les transects sont par ordre décroissant d'effectif (indiqué entre parenthèses): *Tamarindus indica* (185), *Grewia ambongensis* (135), *Thilachium* sp (74), *Macphersonia gracilis* var. *trichocarpa* (63), *Grewia boinensis* (61), *Turraea* sp (54), *Bosquiea boiviniana* (52), *Dalbergia trichocarpa* (52), *Treculia perrieri* (52) et *Alchornea alnifolia* (40). A **Tsimaloto**, les espèces les plus représentées sont: *Norhonia* sp. (153), *Rinorea greveana* (74), *Bosquiea boiviniana* (61), *Prockiopsis hildebrandtii* (57), *Dalbergia greveana* (48), *Diospyros* sp. (47), *Commiphora aprevalii* (43), *Strychnos madagascariensis* (37), *Nesogordonia stylosa* (33) et *Croton* spp. (32). Enfin à **Antsiloky**, les espèces les plus représentées sont: *Cleistanthus* sp. (67), *Uapaca* sp. (63), *Mascarenhasia arborescens* (55), *Securinega seyrigii* (38), *Bosquiea calcicola* (34), *Colea muricata* (26), *Diporidium* sp (25), *Leroyia madagascariensis* (25), *Rothmannia foliacea* (24) et *Hirtella porosa* (23).

La composition floristique de Ankarokaroka se rapproche, cependant, légèrement plus de celle de Tsimaloto (58 espèces en communs) que de celle de Antsiloky (36 espèces en commun).

A Ankarokaroka, les versants (avec 75 espèces inventoriées dont 29 spéciales à cet habitat) sont plus riches floristiquement que les autres habitats (avec un maximum de 49 espèces inventoriées et 7 espèces spéciales, Tableau 1.19). A Tsimaloto, les versants sont également le type d'habitat le plus riche (avec 76 espèces inventoriées dont 27 spéciales à cet habitat, contre un maximum de 54 espèces inventoriées et 11 espèces spéciales pour les autres habitats). Enfin, à Antsiloky, le type d'habitat le plus riche est la forêt semi-caducifoliée sur plateau (avec 42 espèces inventoriées dont 33 spéciales à cet habitat contre un maximum de 33 espèces inventoriées et 20 espèces spéciales pour les autres habitats).

A **Ankarokaroka,** les espèces spéciales les plus remarquables (Annexe 2) sont: *Xanthocercis madagascariensis*, *Rhopalopilia madagascariensis*, *Dalbergia* spp., *Commiphora* spp., *Olax pseudaleia* et *Hildegardia erythrosiphon* pour les versants; *Brachylaena perrieri* et *Diospyros mapingo* pour les bas-fonds orientés sud-ouest; *Dalbergia glaberrima*, *Nesogordonia stylosa* et *Cedrelopsis grevei* pour les bas-fonds orientés nord-ouest; *Bussea perrieri*, *Pachypodium rutenbergianum* et *Dalbergia chlorocarpa* pour les méandres; et enfin *Albizia jaubertiana* et *Dalbergia madagascariensis* pour la vallée ensablée.

A **Tsimaloto**, les espèces spéciales les plus remarquables (Annexe 2) sont: *Anacolosa pervilleana*, *Astrocassine pleurostylioides*, *Securinega capuronii* et *Homalium albiflorum* pour les versants; *Bussea perrieri*, *Helmiopsis inversa* et *Dombeya subviscosa* pour la végétation sur sable blanc; *Homskioldia microcalyx*, *Olax pseudaleia* et *Vaughania dionaeifolia* pour les replats sommitaux; *Ficus pachyclada*, *Macphersonia gracilis* et *Commiphora marchandii* pour la bordure du Lac Tsimaloto; et enfin *Hymenodictyon occidentale* et *Malleastrum gracile* pour la vallée.

A **Antsiloky,** les espèces spéciales les plus remarquables (Annexe 2) sont: *Cerbera venenifera*, deux *Dalbergia*, *Astrotrichilia asterotricha* et *Rhopalocarpus similis* pour la forêt semi-caducifoliée sur plateau; *Wielandia elegans*, *Zanthoxylon tsihanimposa* et *Alchornea alnifolia* pour la forêt ripicole; *Terminalia boivini*, *Vaughania dionaeifolia* et *Carphalea kirondron* pour le fourré xérophile sur sable blanc sommital; et enfin *Uapaca* sp., *Haronga madagascariensis* et *Voacanga thouarsii* pour la forêt marécageuse.

Le grand nombre d'espèces uniques à un site et spéciales à un habitat observées lors de cette expédition explique la

Tableau 1.19. Nombre de taxons de la flore forestière recensés au niveau de chaque habitat.

Site	Ankarokaroka					Tsimaloto					Antsiloky			
Habitat	A1	A2	A3	A4	A5	T1	T2	T3	T4	T5	K1	K2	K3	K4
Nb. spp.	75	49	47	37	43	26	76	41	54	49	23	23	42	33
Spp. spéciales	29	7	5	6	6	6	27	10	11	8	14	16	33	20
Nb. tiges	540	271	300	211	229	246	336	275	400	210	250	100	200	225

croissance relativement régulière de la courbe cumulative du nombre d'espèces recensées, tant au sein d'un site (Figures 1.1, 1.2 et 1.3) que des trois sites combinés (Figure 1.4).

Flore herbacée

Contrairement à ce que l'on a pour la flore forestière, c'est Ankarokaroka qui a la flore herbacée la plus riche floristiquement et Antsiloky la flore la plus pauvre (Tableau 1.20). Sur les 47 familles recensées, 32 sont présentes à Ankarokaroka, 33 à Tsimaloto et 35 à Antsiloky. Sur les

110 genres identifiés, 68 sont présents à Ankarokaroka, 59 à Tsimaloto et 56 à Antsiloky. Sur les 154 espèces recensées, 87 sont présentes à Ankarokaroka, 75 à Tsimaloto et 72 à Antsiloky. La flore herbacée des trois sites à l'instar de la flore forestière est également fort différente. A **Ankarokaroka**, les espèces les plus représentées dans les parcelles sont par ordre décroissant d'effectif (indiqué entre parenthèses): *Panicum uvalatum* (1354) dominante dans presque tous les types d'habitats et *Coleotrype synanthera* (245) (Tableau 1.21). A **Tsimaloto**, le peuplement est plus varié avec: *Lissochilus*

Tableau 1.20. Nombre des taxons recensés dans les trois sites au cours de l'inventaire de la flore herbacée.

Site	Ankarokaroka	Tsimaloto	Antsiloky	Total
Nombre familles	37	33	35	47
Nombre genres	68	59	56	110
Nombre taxons	87	75	72	154

Tableau 1.21. Les espèces herbacées les plus représentées par habitat et par site.

Site	Habitats	Espèces	Fréquence
Ankarokaroka	Versants	*Panicum uvalatum*	187
		Anthericum sofiense	85
	Vallées ensablées	*Panicum uvalatum*	281
	Méandres	*Panicum uvalatum*	467
	Bas-fond SO	*Panicum uvalatum*	262
		Coleotrype synanthera	129
	Bas-fond NO	*Panicum uvalatum*	157
		Nervilia sakoae	130
Tsimaloto	Bord du lac	*Asystasia coromandeliana*	231
	Replats sommitaux	*Lissochilus beravensis*	101
		Panicum uvalatum	89
	Sables blancs	*Richardsonia* sp.	215
		Lissochilus beravensis	100
		Cyperus betafensis	98
	Vallées	*Nervilia sakoae*	120
		Ruellia sp. 1	111
	Versants	*Asystasia coromandeliana*	123
		Lissochilus decaryanus	120
Antsiloky	Forêt de marécage	*Blechnum* sp.	45
		Desmodium adscendens	43
	Forêt ripicole	*Richardsonia* sp.	210
		Cyperus betafensis	76
		Lissochilus beravensis	65
	Forêt sèche caducifoliée	*Lissochilus beravensis*	202
		Panicum uvalatum	125
	Fourré xérophytique	*Olyra latifolia*	132
		Lissochilus beravensis	42

beravensis (309), *Richardsonia* sp. (210), *Olyra latifolia* (153), *Panicum uvalatum* (125) et *Cyperus betafensis* (76) (Tableau 1.21). Enfin, à **Antsiloky**, les espèces les plus représentées sont: *Asystasia coromandeliana* (354), *Richardsonia* sp. (215), *Lissochilus beravensis* (211), *L. decaryanus* (133), *Nervilia sakoae* (126), *Coleotrype synanthera* (118) et *Ruellia* sp.1 (113) (Tableau 1.21). Il faut souligner que *Lissochilus beravensis*, l'espèce la plus abondante à Tsimaloto, revient assez souvent à Antsiloky en particulier sur les sables blancs et les replats sommitaux.

Espèces ligneuses caractéristiques

Ankarokaroka

Dans ce site, *Tamarindus indica* est omniprésent dans les 5 habitats et représentatif de ce site:

- les **versants** (A1) sont reconnaissables par les *Hildegardia erythrosiphon*, *Stereospermum euphorioides* et *Albizia gummifera* dans la strate supérieure ainsi que par des espèces telles que *Dalbergia trichocarpa* et *Bridelia pervilleana* et des arbustes tels que *Grewia ambongensis*, *Rauvolfia media* et *Strychnos myrtoides*.
- le **bas-fond sud-ouest** (A2) est caractérisé floristiquement par *Bosqueia boiviniana* et *Treculia perrieri*. Les strates inférieures sont représentées par des espèces telles que *Macphersonia gracilis*, *Strychnos madagascariensis*, *Leea guineensis* et *Alchornea alnifolia*.
- le **bas-fond nord-ouest** (A3) est caractérisé par la présence de *Treculia perrieri* associée avec *Stereospermum euphorioides*. Les strates inférieures montrent la présence d'espèces telles que *Macphersonia gracilis*, *Grewia boinensis*, *Croton* sp. et *Strychnos madagascariensis*.
- le **méandre** (A4) est représenté notamment par *Hymenodictyon occidentale* et *Bivinia jalberti*. Les strates inférieures sont dominées par *Grewia boinensis*, *Macphersonia gracilis* et *Grewia ambongoensis*.
- la **vallée ensablée** (A5) est caractérisée dans la strate supérieure par des espèces telles que *Treculia perrieri*, *Hymenodictyon occidentale* et *Antidesma petiolare*. Les strates inférieures montrent la dominance d'espèces telles que *Alchornea alnifolia*, *Macphersonia gracilis*, *Grewia ambongoensis*, *Strychnos myrtoides* et *Obetia radula*.
- par endroits, nous avons rencontré *Alchornea* qui constitue un petit peuplement presque pur notamment dans les habitats A2 et A5. Par ailleurs, plus loin nous verrons que ce site déjà dégradé subit l'envahissement d'espèces introduites n'appartenant pas à la flore originelle.

Tsimaloto

Ce site, rappelons-le, est représenté par une forêt tropophile caducifoliée. A l'inverse d'Ankarokaroka, le *Tamarindus indica* existe mais n'est pas caractéristique des peuplements.

- Les **vallées** (T1) sont caractérisées par *Bosqueia boiviniana*, *Allaeanthus greveanus*, *Diospyros pervillei*, *Zanthoxylon tsihanimposa* et *Dalbergia greveana* dans la strate supérieure. Les strates inférieures sont marquées par la présence de *Rinorea greveana*, *Prockiopsis hildebrandtii* et *Maillardia occidentalis*.
- Les **versants** (T2) sont caractérisés par *Dalbergia* spp., *Stereospermum euphorioides* et *Bosqueia boiviniana*. Les strates inférieures sont représentées par *Prockiopsis hildebrandtii*, *Strychnos madagascariensis* et *Rinorea arborea*.
- Les **replats sommitaux** (T3) sont caractérisés par *Commiphora* spp., *Baudouinia fluggeiformis*, *Dalbergia peltieri* et *Apaloxylon madagascariense* dans la strate supérieure. Les strates inférieures sont dominées par *Noronhia* sp., *Croton* spp., *Homskioldia microcalyx* et *Vaughania dionaeifolia*.
- La **végétation sur sable blanc** (T4) est caractérisée notamment par *Dalbergia* spp., *Terminalia boivini*, *Baudouinia fluggeiformis* et *Securinega seyrigii* dans la strate supérieure. Les strates inférieures sont caractérisées par *Noronhia* sp., *Enterospermum rotundifolium*, *Helmiopsis inversa* et *Croton* spp.
- La **bordure du Lac Tsimaloto** (T5) est caractérisée par *Nesogordonia stylosa*, *Dalbergia greveana*, *Bosqueia boiviniana* et *Commiphora* spp. Les strates inférieures sont dominées par *Prockiopsis hildebrandtii*, *Noronhia* sp. et *Dracaena* sp.

Antsiloky

La forêt est pratiquement du même type que celle de Tsimaloto, c'est-à-dire une forêt dense sèche caducifoliée avec les parties sommitales sur sable blanc dénotant une xérophilie plus ou moins marquée et une partie marécageuse ayant des espèces affines du Domaine oriental.

- La **forêt marécageuse** (K1) est caractérisée par *Canarium madagascariense*, *Uapaca* sp., *Raphia farinifera*, *Mascarenhasia arborescens* et *Voacanga thouarsii*. Les strates inférieures sont à base de *Colea muricata*, *Pandanus* spp. et *Dracaena* sp. Le long des cours d'eau, on note l'existence d'un gros *Ficus* à gros fruits cauliflores agglomérés à la base du tronc.
- Le **fourré xérophile sur sable blanc sommital** (K2) est caractérisé par *Vaughania dioniaefolia* et *Helmiopsis inversa* associées avec *Pachypodium rutenbergianum*, *Dalbergia greveana* ainsi que *Leroyia madagascariensis* et *Diporidium* sp.

- La **forêt semi-caducifoliée sur plateau** (K3) est caractérisée par la présence de *Hildegardia erythrosiphon* et *Bussea perrieri* associées avec *Rhopalocarpus similis*, *Dalbergia peltieri* et *Securinega seyrigii* dans la canopée. Les strates inférieures sont marquées par *Enterospermum bernierianum*, *Cerbera venenifera*, *Croton* sp. et *Diospyros* sp.
- La **forêt ripicole** (K4) est caractérisée par *Canarium madagascariense*, *Stereospermum euphorioides* et *Dalbergia purpurescens* dans la strate supérieure. Les strates inférieures sont représentées par *Cleistanthus* sp., *Wielandia elegans*, *Hirtella porosa*, *Strychnos myrtoides* et *Grewia boinensis*.

Endémicité
Flore forestière
La Réserve compte de nombreuses plantes endémiques. Sur les 287 espèces de la flore forestière répertoriées lors de cette expédition, 265 espèces (soit 92%) sont endémiques à l'île de Madagascar (Tableau 1.22) et 12 sont spéciales à la région Malgache et environnante (Afrique du Sud, Afrique de l'Est). Sur les 166 genres répertoriés, 33 genres (soit 20%) sont endémiques de l'île, 23 genres (14%) sont spéciaux à la région Malgache et environnante (Tableau 1.23), 29 genres (18%) sont paléotropicaux et 66 genres (40%) sont pantropicaux. Parmi les genres endémiques, citons parmi les plus représentés *Prockiopsis* et *Bivinia* (Flacourtiaceae), *Helmiopsis* (Sterculiaceae), *Baudouinia* et *Vaughania*

(Fabaceae) et *Bathiorhamnus* (Rhamnaceae). Seules deux familles sur les 55 répertoriées sont endémiques de l'île (Tableau 1.24), à savoir les Sarcolaenaceae (représentés par *Perrierodendron boinense*, la seule espèce que comporte ce genre) et les Sphaerosepalaceae (représentés par *Rhopalocarpus similis* ssp. *velutina* et *Rhopalocarpus macrorhamnus fa occidentalis*)—toutes deux absentes à Ankarokaroka. Il faut mentionner également la petite famille des Ptaeroxylaceae qui comporte un genre africain et un autre Cedrelopsis endémique à Madagascar représenté dans notre inventaire par 2 espèces sur les 8 que comporte le genre. Le reste des familles sont pour l'essentiel pantropicales (22 familles), cosmopolites (21 familles) et paléotropicales (8 familles).

Le site le plus riche en taxons endémiques est Tsimaloto avec 148 espèces (94%) endémiques à l'île et 35 genres (30%) limités à Madagascar, l'Afrique du Sud et l'Afrique de l'Est. Vient ensuite Antsiloky avec 124 espèces (91%) endémiques à l'île et 29 genres (29%) limités à Madagascar, l'Afrique du Sud ou l'Afrique de l'Est. Ankarokaroka enfin est le site le plus pauvre en taxons endémiques avec 114 espèces (90%) endémiques à l'île et 20 genres (24%) limités à Madagascar, l'Afrique du Sud ou l'Afrique de l'Est.

A Ankarokaroka, les espèces non-endémiques de l'île sont présentes dans au moins 4 des 5 habitats inventoriés et témoignent de la dégradation du site suite à l'érosion, aux feux répétés et au surpâturage. Il s'agit de *Tamarindus indica*, *Strychnos madagascariensis*, *S. decussata*, *S. myrtoides*, *Leea guineensis*, *Bauhinia monandra*, et de deux espèces qui

Tableau 1.22. Endémicité des plantes de la flore forestière au niveau de l'espèce (avec proportion relative en % entre parethèses).

Affinités biogégraphiques	Ankarokaroka	Tsimaloto	Antsiloky	Total
Madagascar	114 (90)	148 (94)	124 (91)	265 (92)
Madagascar, Afrique du Sud ou de l'Est	8 (6)	6 (4)	7 (5)	12 (4)
Afrique	1 (1)	1 (1)	3 (2)	3 (1)
Paléotropiques	-	-	-	-
Tropiques	4 (3)	2 (1)	3 (2)	7 (2)
Cosmopolite	-	-	-	-
Total	127	157	137	287

Tableau 1.23. Endémicité des plantes de la flore forestière au niveau du genre (avec proportion relative en % entre parethèses).

Affinités biogégraphiques	Ankarokaroka	Tsimaloto	Antsiloky	Total
Madagascar	7 (8)	22 (19)	19 (19)	33 (20)
Madagascar, Afrique du Sud ou de l'Est	13 (15)	13 (11)	10 (10)	23 (14)
Afrique	9 (11)	8 (7)	8 (8)	11 (7)
Paléotropiques	13 (15)	23 (20)	24 (24)	29 (17)
Tropiques	40 (48)	46 (40)	37 (37)	66 (40)
Cosmopolite	2 (2)	3 (3)	3 (3)	4 (2)
Total	84	115	101	166

ne sont pas vraiment forestières, *Jatropha curcas* et *Albizia lebbeck*. Parmi les espèces endémiques qui n'ont été trouvées qu'a Ankarokaroka, citons au niveau des habitats: *Berchemia discolor* (A2 et A5), *Camptolepis ramiflora* (A1), *Rourea orientalis* (A1), *Cedrelopsis grevei* (A2), *Dalbergia glaberrima* (A3), *Dalbergia madagascariensis* (A5) et *Treculia perrieri* (A1, A2, A3, A5).

A Tsimaloto, la forêt est encore presque intacte. *Jatropha* et *Albizia lebbeck* sont absentes mais *Tamarindus* et les *Strychnos* sont encore présentes bien qu'en faible nombre. Parmi les espèces endémiques qui n'ont été trouvées que dans ce site, citons au niveau des habitats: *Apaloxylon madagascariense* (T3, T4), *Astrocassine pleurostylioides* (T2), *Memecylon boinense* (T3, T4), *Bathiorhamnus louvelii* var. *reticulatus* (T1, T2), *Diospyros pervillei* (T1), *Casearia lucida* (T5) et *Cabucala erythrocarpa* (T2).

A Antsiloky, la forêt est aussi relativement intacte sauf en certains endroits. Parmi les espèces endémiques spéciales au site, nous pouvons citer au niveau des habitats: *Bauhinia sp.*, *Paracorynanthe antakarana* (K2), *Astrotrichilia asterotricha* (K2), *Leroyia madagascariensis* (K2), *Mascarenhasia arborescens*, *Rheedia arenicola* et *Cerbera venenifera* (K1), *Psychotria melanosticta* (K3), *Potameia eglandulos* et *P. thouarsii* (K4).

Flore herbacée

En général, la flore herbacée est moins endémique à l'île de Madagascar que la flore forestière. Sur les 154 espèces de la flore herbacée répertoriées lors de cette expédition, 126 espèces (soit 82%) sont endémiques à l'île de Madagascar (Tableau 1.25) et 4 sont spéciales à la région Malgache et environnante (Afrique du Sud, Afrique de l'Est). Sur les 110 genres répertoriés, 5 genres (soit 5%) sont endémiques

Tableau 1.24. Endémicité des plantes de la flore forestière au niveau de la famille (avec proportion relative en % entre parethèses).

Affinités biogégraphiques	Ankarokaroka	Tsimaloto	Antsiloky	Total
Madagascar	-	2 (4)	2 (5)	2 (4)
Madagascar, Afrique du Sud ou de l'Est	1 (3)	1 (2)	1 (3)	1 (2)
Afrique	1 (3)	-	-	1 (2)
Paléotropiques	5 (14)	5 (11)	8 (21)	8 (15)
Tropiques	12 (32)	22 (48)	19 (49)	22 (40)
Cosmopolite	18 (49)	16 (35)	13 (33)	21 (38)
Total	**37**	**46**	**39**	**55**

Tableau 1.25. Endémicité des plantes de la flore herbacée au niveau de l'espèce.

Affinités biogégraphiques	Ankarokaroka	Tsimaloto	Antsiloky	Total
Madagascar	71 (82)	66 (88)	59 (82)	126 (82)
Madagascar, Afrique du Sud ou de l'Est	2 (2)	1 (1)	3 (4)	4 (3)
Afrique	1 (1)	-	-	1 (1)
Paléotropiques	3 (3)	2 (3)	2 (3)	5 (3)
Tropiques	10 (11)	6 (8)	8 (11)	18 (12)
Cosmopolite	-	-	-	-
Total	**87**	**75**	**72**	**154**

Tableau 1.26. Endémicité des plantes de la flore herbacée au niveau du genre (avec proportion relative en % entre parethèses).

Affinités biogégraphiques	Ankarokaroka	Tsimaloto	Antsiloky	Total
Madagascar	3 (5)	2 (3)	2 (4)	5 (5)
Madagascar, Afrique du Sud ou de l'Est	7 (11)	4 (7)	3 (5)	8 (7)
Afrique	-	-	1 (2)	1 (1)
Paléotropiques	18 (29)	11 (19)	10 (18)	25 (23)
Tropiques	34 (54)	36 (61)	34 (61)	56 (51)
Cosmopolite	6 (10)	7 (12)	6 (11)	15 (14)
Total	**63**	**59**	**56**	**110**

Tableau 1.27. Endémicité des plantes de la flore herbacée au niveau de la famille (avec proportion relative en % entre parethèses).

Affinités biogégraphiques	Ankarokaroka	Tsimaloto	Antsiloky	Total
Madagascar	-	-	-	-
Madagascar, Afrique du Sud ou de l'Est	-	-	-	-
Afrique	-	-	-	-
Paléotropiques	4 (12)	2 (6)	3 (9)	5 (11)
Tropiques	10 (31)	16 (48)	11 (31)	16 (34)
Cosmopolite	18 (56)	15 (46)	21 (60)	26 (55)
Total	**32**	**33**	**35**	**47**

de l'île (Tableau 1.26), 8 genres (7%) sont spéciaux à la région Malgache et environnante, 56 genres (51%) sont paléotropicaux et 25 genres (23%) sont pantropicaux. Les genres endémiques sont *Landolphia* et *Plectanea* (Apocynaceae), *Trichomeriopsis* et *Tricyclandra* (Cucurbitaceae) et *Nerbathiaea* (Orchidaceae). Aucune famille n'est endémique à l'île, ni même restreinte à la région africaine (Tableau 1.27). En fait, les 47 familles de plantes herbacées représentées sont soit cosmopolites (26 familles), soit paléotropicales (16 familles), soit encore pantropicales (5 familles).

Au contraire de la flore forestière, le site le plus riche en plantes herbacées endémiques est Ankarokaroka avec 71 espèces (82%) endémiques à l'île et 10 genres (16%) limités à Madagascar, l'Afrique du Sud et l'Afrique de l'Est, parmi lesquels *Trichomeriopsis* et *Tricyclandra* (Cucurbitaceae). Tsimaloto vient ensuite avec 66 espèces (88%) endémiques à l'île et 6 genres (10%) limités à Madagascar, l'Afrique du Sud ou l'Afrique de l'Est, parmi lesquels *Plectanea*. Antsiloky enfin est le site le plus pauvre en taxons endémiques avec 59 espèces (82%) endémiques à l'île et 5 genres (9%) limités à Madagascar, l'Afrique du Sud ou l'Afrique de l'Est, parmi lesquels *Plectanea* (Apocynaceae) et *Nerbathiaea* (Orchidaceae).

Communautés et espèces inhabituelles

Deux communautés sont plutôt rarement rencontrées dans le Domaine de l'Ouest que ce soit en forêt tropophile ou en forêt xérophile. La première a été trouvée à Ankarokaroka et est caractérisée par l'état de dégradation de cette forêt sujette à l'action conjuguée des feux de brousse, des eaux de pluie et des surpâturages. C'est ainsi qu'au niveau des habitats A4 (méandre) et A5 (vallée ensablée), nous avons vu l'intrusion d'espèces telles que *Jatropha curcas*, espèce introduite couramment utilisée comme clôture de parcs à bœufs. D'autres espèces affectionnant les zones dégradées ou perturbées se sont aussi retrouvées dans les trouées et les clairières telles que *Bauhinia monandra*, *Flagellaria* sp. ainsi que *Rourea orientalis* qui arrive à former des peuplements presque purs sur les plateaux. Au niveau de l'habitat A1 (versants), nous avons noté aussi l'intrusion d'*Albizia lebbeck* qui est une espèce introduite. Pour le cas d'Ankarokaroka,

il ne s'agit donc pas en fait de communautés inhabituelles mais plutôt de l'intrusion au sein des groupements plus ou moins caractéristiques des habitats, d'espèces introduites par l'homme ou d'essences pionnières colonisatrices des endroits dénudés. Ces espèces sont pour la grande majorité des espèces pantropicales ou au moins panafricaines et vivent normalement hors de la forêt. Le deuxième cas concerne le site d'Antsiloky et en particulier l'habitat K1 que nous avons appelé forêt marécageuse. En effet, cette forêt périodiquement inondée rappelle étrangement une forêt d'un habitat du Domaine oriental avec ses *Uapaca* sp. à racines échasses (non-déterminée en l'absence d'échantillons fertiles). Certaines espèces accompagnatrices proviennent aussi pour la plupart du domaine oriental. Nous pouvons citer: *Mascarenhasia arborescens*, *Voacanga thouarsii* et *Raphia farinifera*. Des espèces dont les genres sont plutôt affines du Domaine oriental s'y rencontrent aussi telles *Dracaena* sp. et *Pandanus* sp. La présence de *Haronga madagascariensis*, une espèce pionnière des espaces vides, qui disparaît normalement pour faire place à des espèces forestières est aussi étrange car nous avons pu recenser quelques exemplaires qui arrivent à se maintenir et atteindre des diamètres supérieurs à 30 cm.

Importance de l'endroit pour la conservation

Communautés importantes au niveau régional et global

- Replats sommitaux avec xérophilie partielle: ces zones sont en équilibre instable et leurs espèces sont très menacées par les diverses menaces telles que les actions anthropiques, les feux de brousse, etc.: mise en défense.
- Forêt caducifoliée: présence de nombreuses espèces endémiques: à Tsimaloto et Antsiloky: conduite de la régénération rationnelle.
- Vallées et bas-fonds: nécessité d'une gestion durable des ressources: exploitation rationnelle couplée avec une pratique sylvicole appropriée.

Espèces importantes au niveau régional et global

Divers **critères** d'appréciation permettent de définir l'importance des espèces pour la conservation:

- **Critère 1:** ainsi, l'espèce peut être endémique et rare c'est-à-dire à localisation restreinte par exemple distribuée seulement au niveau de la Réserve. De plus, cette zone de distribution peut être sujette à des menaces comme les feux, défrichements. Enfin, pour certaines, elles peuvent être exploitées;
- **Critère 2:** soit, l'espèce est endémique, abondante ou à aire de répartition large mais peut être très utilisée traditionnellement donc susceptible de se raréfier;
- **Critère 3:** soit enfin, l'espèce est abondante, à distribution plus ou moins large, sans utilisation traditionnelle bien établie mais est issue de familles ou du moins de genres endémiques. A ce titre, elle est intéressante sur le plan de la conservation de la biodiversité.

Nous allons donc essayer de caractériser les espèces jugées importantes suivant ces 3 critères (Tableau 1.28).

Espèces exploitables de manière durable

Au cours de cette évaluation rapide de la biodiversité, nous avons vu que certains habitats avaient très peu ou même pas du tout d'espèces qui avaient atteint 30 cm de diamètre soit à peu près le diamètre d'exploitabilité autorisé par la législation. D'une manière générale, c'était dans les bas-fonds, vallées et le long des rivières que les espèces atteignaient ces dimensions. Dans la mesure du possible, ce sera donc dans ces habitats que les espèces qui pourraient être exploitées et/ou prélevées de manière durable le seront. Il y a aussi les espèces dont le bois n'est peut-être pas utilisé mais qui peuvent l'être à divers titres (pharmacopée, utilisation des produits accessoires). Nous allons dans le Tableau 1.29 donner une liste de ces espèces parmi les plus utilisées et exploitées à ces divers fins au niveau régional. Nous constatons néanmoins au niveau de ces utilisations traditionnelles la plupart du temps une **dévalorisation certaine** du bois. En effet, dans beaucoup de régions de Madagascar, la tradition veut qu'on utilise des bois denses pour le bois de chauffe et le charbon comme les *Dalbergia* ou Palissandres pour ne citer que ceux-là. Nous avons donc ajouté une autre colonne d'utilisation rationnelle du Bois qui tient compte de ses caractéristiques technologiques et qui donc, le valorisera.

Régions ou questions importantes pour les futures recherches

En ce qui concerne les futures recherches, il est clair que vu la diversité floristique rencontrée, certaines espèces non exploitées ou non utilisées traditionnellement mais qui sont abondantes doivent faire l'objet d'étude technologique afin de connaître leurs possibilités d'emploi. Ceci contribuera en effet à atténuer la pression sur les espèces couramment utilisées. Un exemple nous est fourni par l'Arofy (*Commiphora* spp.) qui dans le temps n'était guère utilisé à Morondava mais qui a fini par être la source la plus importante en matière de bois d'œuvre dans cette région à partir du moment où il a été lancé par le Centre de Formation Professionnelle et Forestière (CFPF) de Morondava.

Secundo, les bas-fonds et vallées abritent des arbres économiquement intéressants et dont le diamètre peut atteindre 50 à 70 cm voire plus de 100 cm. Il faut les exploiter et valoriser leurs utilisations. Ceci permet grâce à un aménagement sylvicole approprié la croissance des gaulis et perchis qui n'ont pu émerger par leur présence.

Tableau 1.28. Importance des espèces selon trois critères.

Critère 1	Critère 2	Critère 3
Astrocassine pleurostylioides	*Zanthoxylon tsihanimposa*	*Perrierodendron boinense*
Bauhinia sp.	*Dalbergia* sp.	*Bauhinia* sp.
Brachylaena perrieri	*Diospyros* spp.	*Wielandia elegans*
Doratoxylon chouxi	*Commiphora* spp.	*Tina isaloensis*
Camptolepis ramiflora	*Bivinia jalberti*	*Turraea sakalavarum*
Crossonephelis pervillei	*Cedrelopsis* spp.	*Polycardia lateralis*
Dalbergia glaberrima	*Xanthocercis madagascariensis*	*Rhopalocarpus similis*
Deinbollia boinensis	*Canarium madagascariense*	*Leroyia madagascariensis*
Ravensara perrieri	*Phyllarthron bernierianum*	*Bathiorhamnus louvelii*
Phylloxylon perrieri	*Berchemia discolor*	*Astrotrichilia* spp.
	Terminalia spp.	*Rhopalopilia madagascariensis*
	Allaeanthus greveanus	*Memecylon boinense*
		Rhopalocarpus macrorhamnus
		Paracorynanthe antakarana
		Dombeya ankarafantsikae

Tableau 1.29. Espèces exploitables de manière durable.

Nom scientifique	Utilisations coutumières	Utilisations rationnelles	Nom scientifique	Utilisations coutumières	Utilisations rationnelles
Phylloxylon perrieri	10	10, 2	*Sorindeia madagascariensis*	6, 14	
Bridelia pervilleana	6	9, 7, 11	*Cinnamosma fragrans*	6, 12	
Commiphora spp.	6, 7	10	*Terminalia boivini*	6	
Zanthoxylon tsihanimposa	6, 12	11, 5, 7	*Terminalia tropophylla*	6	
Brachylaena perrieri	6	2, 5, 4, 3	*Antidesma petiolare*	6	
Astrotrichilia asterotricha	6	11, 5, 4, 3	*Baudouinia fluggeiformis*	6	1
Dalbergia spp.	6, 1	2, 1, 4, 3, 9	*Bivinia jalberti*	6	4, 5
Stereospermum euphorioides	6	5, 4, 3	*Bosqueia boiviniana*	6	5
Canarium madagascariense	6, 12	5, 13, 11	*Raphia farinifera*	6	
Xanthocercis madagascariensis	6	2, 10	*Bathiorhamnus louveli*	6	
Albizia spp.	6	7, 5, 4, 11	*Berchemia discolor*	6	
Hildegardia erythrosiphon	6	4, 11	*Grewia* spp.	6, 14	
Allaeanthus greveanus	6, 1	11, 4, 7	*Diospyros* spp.	6, 1	
Phyllarthron bernierianum	6, 12	2, 10	*Hirtella porosa*	6	
Cabucala erythrocarpa	12	12	*Securinega seyrigii*	6	
Mascarenhasia arborescens	6, 14		*Bussea perrieri*	6	
Rauvolfia media	12		*Tamarindus indica*	6, 12, 14	

Utilisations :

1: Ébénisterie
2: Maquette, Sculpture ou Tournerie
3: Parquets de luxe ou ordinaires
4: Menuiserie fine ou lourde
5: Charpente

6: Bois de construction
7: Caisserie, Coffrage
8: Panneaux
9: Construction navale
10: Manches d'outil

11: Déroulage ou tranchage
12: Pharmacopée
13: Allumettes
14: Produits accessoires

L'administration forestière accorde aussi maintenant une grande importance aux produits secondaires et accessoires: il faut donc y penser.

Dans le cadre d'un inventaire strictement biologique, nous croyons que le RAP a permis de connaître une grande majorité des espèces végétales existant dans les sites d'étude. Il reste difficile de faire des extrapolations pour l'ensemble de la réserve car les données sont surtout d'ordre qualitatif.

Recommandations pour la gestion et la conservation

Toute perturbation modifie une forêt en tant qu'habitat autant pour les espèces animales que végétales. Des perturbations de faible ampleur peuvent dans certains cas accroître la diversité structurelle, floristique et faunistique, tandis que des perturbations plus importantes tendent à simplifier l'écosystème et à entraîner une perte de diversité génétique intraspécifique, une disparition de certaines espèces et un rétrécissement des habitats, qui peuvent en définitive avoir pour résultat une perte générale de biodiversité.

Avant de donner les recommandations retenues à partir de cette étude, nous voudrions exposer ici les axes de Politique Forestière menée actuellement à Madagascar et qui reposent sur la trilogie "Protéger et produire, développer sans détruire". Parmi ses principales préoccupations,

l'administration Forestière vise à assurer une conservation et un développement durable des écosystèmes et de la biodiversité. Les nouvelles orientations de la Politique Nationale sur l'Environnement sont aussi adoptées au sujet des Aires Protégées par la promotion et le développement de l'écotourisme et au niveau des Ecosystèmes Forestiers à Usages Multiples par l'intégration de la dimension "aménagement" que ce soit en vue de la conservation ou de la pérennisation de la production et des ressources.

De plus, nous connaissons l'état de développement de Madagascar qui a besoin de valoriser au maximum ces ressources surtout naturelles. Les quelques recommandations que nous essayions d'émettre après cette première étude vont donc se rapprocher autant que faire se peut de ces axes.

Nous allons donc dans un premier temps donner des conclusions relatives à chaque site et dans un deuxième temps, essayer d'en dégager des propositions d'actions qui militent en faveur de cette optique de conservation liée à un développement soutenu et durable.

D'après les constatations faites sur le terrain lors de l'expédition et approuvées par les résultats d'analyse des informations recueillies, Ankarokaroka est effectivement le site représentant du milieu dégradé ayant été soumis aux effets conjugués des feux sauvages, de l'exploitation forestière et du surpâturage. L'endroit est aussi caractérisé par une érosion intense en amont et un ensablement spectaculaire dans les parties en aval dû aux dépôts charriés par les eaux de ruissellement. Toutefois, le site abrite des espèces endémiques à côté des espèces exotiques héliophiles pionnières. On souligne également la présence modérée dans des endroits particuliers des essences de valeur économique potentielle comme le genre *Dalbergia* représenté par *D. trichocarpa*, *D. purpurescens*, *D. greveana*, *D. chlorocarpa* et *D. aff madagascariensis*, et le genre *Diospyros* représenté par *D. sakalavarum*, *D. mapingo* et *D. tropophylla*.

L'existence du Lac sacré à Tsimaloto a fait dudit site un milieu plus ou moins intact épargné des pressions anthropiques. La texture et la structure de la forêt qui s'y présente ont été déterminées par les caractéristiques édapho-climatiques de la station. Sur les 3 sites étudiés, Tsimaloto présente le taux le plus élevé du point de vue endémisme spécifique. Il offre également une large gamme d'espèces économiquement intéressantes surtout dans les bas-fonds et sur les versants. On peut citer les genres *Dalbergia*, *Stereospermum*, *Commiphora* et *Enterospermum*.

Pour Antsiloky, on peut dire que ce milieu est moyennement fréquenté de par sa localisation un peu isolée au sein de la Réserve d'Ankarafantsika bien que des cérémonies rituelles se déroulent périodiquement au niveau du petit lac sacré. L'état de dégradation de l'environnement au niveau de ce site se situe entre celui d'Ankarokaroka et de Tsimaloto. Antsiloky possède en outre, une certaine particularité au niveau de la forêt marécageuse qui présente un type de végétation extraordinaire, scientifiquement et économiquement intéressant. L'écosystème est comparable à celui du Domaine Oriental notamment concernant le microclimat et les espèces d'arbres forestiers comme le genre *Canarium* et le genre *Uapaca*. Par contre, sur les versants et à mi-hauteur, la végétation reprend de nouveau ses caractéristiques normales typiques de la forêt tropophile de l'Ouest abritant des espèces endémiques et/ou de valeur économique certaine comme les genres *Diospyros*, *Dalbergia*, *Enterospermum* et *Stereospermum*.

De ce qui précède, les trois sites abritent une variété d'habitats offrant un patrimoine floristique remarquable même au niveau du site ayant subi une dégradation de ses ressources naturelles. Reste à appréhender la structure des différents types de végétation identifiés, c'est-à-dire la répartition des tiges des peuplements en classes diamétriques pour savoir exactement à quelles catégories de dimensions appartiennent les espèces de valeur. Du point de vue affinité biogéographique, il est aussi question de vérifier la fréquence des familles, genres ou espèces endémiques de Madagascar si les spécimens ainsi répertoriés figurent ou non parmi les essences menacées de raréfaction ou pire encore de disparition totale.

A Madagascar, la dégradation de l'Environnement est devenue ces derniers temps plus que préoccupante et impose de nouvelles façons de conserver, gérer et exploiter les ressources naturelles. Dans le contexte actuel du pays, l'approche participative des communautés rurales se présente comme une option réelle et adaptée dans l'adoption et la mise en œuvre des nouveaux principes de gestion et d'aménagement des forêts. La planification forestière doit être comprise dans le sens d'un concept qui devrait s'associer au principe d'aménagement intégré des ressources visant simultanément à mettre en valeur les ressources et les fonctions du milieu de manière à satisfaire et concilier les orientations du développement que l'on se donne.

Les pressions notamment d'origine anthropique subies régulièrement par la forêt d'Ankarafantsika (particulièrement surpâturage et feux pour les cultures ou pour les pâturages) conduisent à une simplification des écosystèmes et à une disparition progressive des espèces. Pour prévenir cette tendance, une stratégie pour conserver la biodiversité est d'établir des aires protégées assez étendues peu sujettes aux perturbations, couvrant des *échantillons représentatifs de tous les types de forêts et écosystèmes*. Ces aires de protection, pour des raisons pratiques, doivent être choisies en fonction de la distribution des mammifères, des oiseaux et des arbres.

Compte tenu des résultats de notre étude écologique et forestière, nous avançons les observations et recommandations suivantes en considérant les opportunités de conservation dans la région.

a) **Délimiter des terres affectées à la conservation de la nature et à la préservation des écosystèmes**

La création d'un système de réserves de forêt non perturbée de petite taille (de l'ordre d'une centaine d'hectares) qui englobe les différents habitats devrait constituer une priorité. La Réserve pourrait inclure:
- le cirque d'érosion et une partie des vallées ensablées à Ankarokaroka;
- une partie de la végétation autour du lac, la forêt sèche naine sur les replats sommitaux et le fourré xérophytique sur sable blanc à Tsimaloto;
- une partie de la forêt de marécage, de la forêt ripicole et les fourrés xérophytiques sur sable blanc à Antsiloky.

Ces réserves seront réparties dans la forêt et pourront servir de refuges temporaires aux animaux qui fuient les zones perturbées. Les aires de protection totale devront être entourées de forêts de protection quasi-naturelle afin de réduire l'effet de bordure et assurer la préservation de leur fonction écologique.

b) **Protéger les diverses communautés végétales et animales**

Ce qui revient à protéger les habitats qui abritent les différentes communautés végétales ou animales spécifiques à savoir la forêt haute, la forêt de marécage et la forêt ripicole, et les fourrés xérophytiques sur sable blanc très caractéristiques. Ces habitats constituent en particulier des refuges pour les espèces endémiques ou menacées de la région (cf. Tableau 1.28).

c) Etablir un plan de lutte contre le feu en prenant compte de la gravité relative des risques.

Ces plans stipuleront notamment l'ouverture à intervalles réguliers de pare-feu entre le domaine forestier et les autres zones.

d) Exploiter d'une façon rationnelle et soutenue les espèces de valeurs (cf. Tableau 1.29) présentant les diamètres d'exploitabilité requis dans les forêts ripicoles et les forêts de marécage.

e) Valoriser au mieux les ressources naturelles dans les limites de la durabilité (utilisation rationnelle des plantes médicinales et des produits forestiers accessoires).

f) Faire prendre en charge au maximum par les populations les objectifs de gestion des ressources (gestion participative).

Les plans d'aménagement devront prescrire des mesures appropriées en rapport avec l'intérêt particulier de ces zones clefs pour la biodiversité. Des bandes tampons soustraites à toute intervention devront être aménagées le long des cours d'eau et autour des lacs et zones marécageuses qui constituent les zones les plus riches en biodiversité.

En conclusion, la création d'aires protégées (parc national ou réserves biologiques) dans la formation forestière d'Ankarafantsika serait de grande importance pour la conservation de la flore aquatique, marécageuse et forestière de la région. L'élaboration d'un plan d'aménagement de protection s'avère urgente si on désire sauvegarder ces écosystèmes à la fois à des fins de conservation et de développement. Et il est d'un grand intérêt d'associer les populations locales à la gestion des forêts et de veiller à ce qu'elles en retirent des bénéfices. Ce qui les incitera à mettre leurs connaissances traditionnelles au service de la conservation de la biodiversité.

Chapitre 2

Lémuriens de la Réserve Naturelle Intégrale d'Ankarafantsika, Madagascar

Jutta Schmid et Rodin M. Rasoloarison

Résumé

Une évaluation rapide des lémuriens de la Réserve Naturelle Intégrale (RNI) de forêt sèche décidue d'Ankarafantsika dans le nord-ouest de Madagascar a été menée du 03 au 24 Février 1997. Dans chaque site, la présence et l'abondance des espèces de lémuriens ont été évaluées à l'aide de la méthode de transect. Un total de sept espèces de lémuriens a été relevé pendant l'évaluation. La richesse en espèces était maximale à Ankarokaroka où le niveau de perturbation était aussi le plus prononcé. Les taxons importants pour la conservation des primates rares que nous avons trouvé dans la réserve comprenaient *Avahi occidentalis*, *Propithecus verreauxi coquereli* et *Eulemur mongoz*. La RNI d'Ankarafantsika est la seule aire protégée de Madagascar où *Eulemur mongoz* est naturellement présente.

Introduction

La diversité des primates à Madagascar est frappante. Le pays contient plus d'espèces de primates en danger et vulnérables que n'importe quel autre pays au monde (Bouliere 1985, Harcourt and Thornback 1990, Mittermeier et al. 1994). Les 32 espèces vivantes de lémuriens malgaches occupent une large gamme de types de forêt et de formations végétales allant des forêts humides de l'est aux forêts sèches de l'ouest et les forêts d'épineux du sud (Tattersall 1982, 1993). Au moins 15 espèces de lémuriens ont déjà disparu depuis l'arrivée de l'homme il y a moins de 2000 ans (Richard and Dewar 1991, contributeurs à Goodman and Patterson 1997). Ce chiffre suggère que plusieurs autres espèces pourraient disparaître dans les prochaines décennies si leur protection rapide n'est pas assurée.

Les principales menaces pesant sur les lémuriens sont la destruction de leur habitat et la chasse. Une grande partie de la forêt malgache a été remplacée par une mosaïque de champs de culture et de formations secondaires. Le plateau central est presque totalement déboisé. La destruction continue des forêts de Madagascar souligne la nécessité de développer des plans d'actions holistiques pour les zones forestières restantes. Des techniques d'évaluation rapide de la biodiversité sont donc utilisées pour déterminer la richesse des espèces de primates dans des sites sélectionnés. Les informations obtenues peuvent alors être utilisées pour servir de base à des études plus intensives sur les modes de répartition des espèces et l'abondance de leur population.

Il existe actuellement 38 aires protégées à Madagascar, couvrant des sites de forte diversité des espèces et à endémisme élevé (Nicoll and Langrand 1989, Mittermeier et al. 1992). Bien que plusieurs de ces aires protégées aient bénéficié de recherches biologiques intenses, plusieurs restent encore peu connues. La RNI d'Ankarafantsika, située à proximité de la Forêt Classée (FC) d'Ampijoroa d'une superficie de 20.000 ha, est une zone englobant 60.250 ha de forêt sèche décidue. La RNI est exposée à un degré élevé de pressions venant des populations humaines, telles que pratique traditionnelle du brûlis pour créer des pâturages pour le bétail, production de charbon et braconnage (Nicoll and Langrand 1989, Mittermeier et al. 1992).

Des études et des informations biologiques sur la RNI d'Ankarafantsika et sur Ampijoroa sont nécessaires car les informations sur le statut des populations de lémuriens sont encore insuffisantes. Etablir la répartition des populations de lémuriens est important pour planifier les actions de conservation, identifier les zones clés pour la biodiversité et évaluer l'utilisation et le statut appropriés des aires protégées. Ainsi une évaluation biologique rapide de la RNI d'Ankarafantsika a été effectuée par une équipe de biologistes afin d'inventorier la faune et la flore. En particulier, notre travail visait à fournir des informations supplémentaires sur la répartition et l'abondance des espèces de lémuriens dans cette partie de

Madagascar. L'étude rapportée dans ce document fournit également des informations sur les préférences d'habitat et les effets de la perturbation de ces habitats. Ces informations pourraient contribuer à une gestion plus efficace de la RNI d'Ankarafantsika.

Methodes

Les sites étudiés

L'évaluation a été menée dans trois sites de la RNI d'Ankarafantsika entre le 3 et le 24 février 1997. L'équipe consistait de deux chercheurs et d'un étudiant stagiaire. L'équipe a visité chacun des trois sites pendant un minimum de 5 jours. Site I: Ankarokaroka (03–09 février) est situé dans la forêt dégradée à environ 5 km au sud-ouest de la station forestière d'Ampijoroa (16°20'16.8"S, 46°47'34.8"E). Les deux autres sites sont situés en forêt relativement intacte et moins perturbée au sein de la RNI d'Ankarafantsika. Site II: Tsimaloto (11–17 février) se trouve dans la partie sud-est de la RNI (16°13'44.4"S, 47°8'34.8"E) et Site III: Antsiloky (19–24 février) au centre de la RNI (16°13'37.2"S 46°57'46.8"E).

La méthode de transect linéaire a été utilisée pour le recensement des lémuriens. A chaque site, nous avons utilisé les pistes existantes laissées par les cochons sauvages, les zébus et les hommes; nous avons aussi coupé et tracé de nouvelles pistes dans une certaine mesure. Nous avons essayé de choisir des pistes couvrant tous les types d'habitats importants pour les lémuriens tels que la forêt sclérophylle, la forêt humide ou ripicole et le fourré sclérophylle. Voir Tableau 2.1 pour une description générale des types de forêt de chaque piste.

Méthodes de recensement

A chaque site, deux ou trois pistes de longueur variable (375 m à 1700 m) ont été utilisées pour recenser les lémuriens. Ceux-ci étaient recensés au cours de marches lentes (environ 0,7 km/h) le long des pistes marquées tous les 25 m d'un ruban. Les recensements nocturnes commençaient 20 à 60 minutes après le coucher du soleil pour deux à quatre heures chaque nuit. Les recensements diurnes se faisaient le matin (6:00–11:30) et l'après-midi (15:00–17:30). Les marches étaient toujours séparées d'un intervalle de temps d'au moins six heures lorsque les pistes étaient recensées deux fois de suite dans une journée. Pendant les recensements nocturnes, nous faisions des pauses régulières (environ tous les 50 m) pour regarder et écouter les signes de présence de lémuriens, tels que vocalisations ou mouvement de la végétation. La nuit, nous utilisions la lumière d'une lampe frontale pour repérer les yeux brillants des lémuriens nocturnes. Une lampe manuelle plus puissante et des jumelles (7x42) étaient ensuite utilisés pour identifier les espèces. Lorsque les lémuriens étaient détectés, nous relevions l'espèce, le nombre d'individus, la composition par âge et sexe, et l'activité générale du groupe ainsi que l'heure du contact, la position du transect, la hauteur à partir du sol et le type d'habitat. Pour le premier individu repéré dans chaque groupe, nous avons relevé la distance par rapport à l'observateur et la distance perpendiculaire par rapport au transect. Chacune des observations ne durait pas plus de 10 minutes. Les recense-

Tableau 2.1: Description des différents types d'habitat existant le long des pistes parcourues pendant les recensements dans chaque site de la réserve d'Ankarafantsika.

Piste	Types d'habitat	Niveau de perturbation
Ankarokaroka **Ia**	Vallée, forêt galerie ouverte avec un nombre élevé de lianes (canopée 15–20 m), fourré dense.	Fort (pâturage de zébus, coupe, sédimentation venant du *lavaka*)
Ankarokaroka **Ib**	Pente, forêt sclérophylle (canopée 5–10 m); fourré sclérophylle.	Moyen (coupe, sédimentation venant du *lavaka*)
Ankarokaroka **Ic**	Le long d'un petit cours d'eau, fourré dense, forêt sclérophylle.	Fort (pâturage de zébus, coupe, sédimentation venant du *lavaka*)
Tsimaloto **IIa**	Vallée de rivière, forêt ripicole et sclérophylle (canopée 10–20 m); pente: forêt et fourré sclérophylles.	Faible
Tsimaloto **IIb**	Vallée de rivière, forêt ripicole et sclérophylle (canopée 15–25 m); Pente, fourré sclérophylle et forêt sclérophylle (canopée 5–12 m); savane.	Faible (plusieurs arbres tombés laissant des zones vides)
Tsimaloto **IIc**	Crête, fourré et forêt sclérophylle (canopée 5–15 m)	Faible
Antsiloky **IIIa**	Vallée de rivière, forêt humide (canopée 20–30 m)	Moyen (pâturage de zébus, coupe)
Antsiloky **IIIb**	Pente, fourré sclérophylle, forêt sclérophylle (canopée 5–15 m)	Faible

ments le long de chaque transect étaient répétés au moins deux fois pour les transects nocturnes et au moins six fois pour les transects diurnes. Nous n'avons pas utilisé les transects lorsque notre visibilité était réduite à moins de 15 m à cause de la pluie.

Comme le nombre de recensements était faible, nous n'avons pas évaluer la densité des lémuriens (Whitesides et al. 1988). La taille inadéquate des échantillons comme les quelques répétitions de chaque transect et les distances relativement courtes couvertes sur chaque site ne nous ont pas permis de calculer la densité (Ganzhorn 1992, Schmid and Smolker 1997, Sterling and Ramaroson 1996) à partir de ces données. Cependant nous avons calculé le nombre moyen de lémuriens observés par km de transect. Nous avons aussi établi la distance moyenne perpendiculaire entre le lieu de détection et la piste sur laquelle les lémuriens ont été observés, pour chaque espèce et chaque piste. Comme nous n'avons pas trouvé de différence significative d'une piste à l'autre, nous avons alors calculé une distance moyenne de détection unique pour chaque espèce. Pour les recensements diurnes, le nombre moyen de groupes et pour les recensements nocturnes, le nombre d'individus observés dans le transect ont été donnés. Les lémuriens entendus mais non vus pendant les recensements ou vus (par nous ou d'autres chercheurs) en dehors des recensements n'ont pas été inclus dans nos calculs de taux d'observation, que ce soit pour les recensements diurnes ou nocturnes. Nous n'avons pas non plus inclus les lémuriens ne pouvant être facilement classés sur la base de leur forme et de leur couleur.

En plus des suivis systématiques des transects, des observations générales étaient effectuées pendant la journée. Nous avons quitté la piste dans chaque site pour repérer des signes secondaires de présence de lémuriens tels que les signes caractéristiques d'alimentation de *Daubentonia* (marques de ron-geur sur le bois mort ou les branches vivantes), ou les sites de repos des espèces nocturnes (nids de *Daubentonia* ou *Mirza*; trous dans les arbres pour *Cheirogaleus* ou *Microcebus*). Nous avons interviewé la population locale pour collecter des informations sur la présence d'espèces de lémuriens et les pressions de chasse sur la faune des primates.

Resultats

Au total, une espèce diurne (*Propithecus verreauxi verreauxi*), deux espèces mixtes (*Eulemur mongoz* et *Eulemur fulvus fulvus*) et quatre espèces typiquement nocturnes (*Microcebus murinus, Cheirogaleus medius, Avahi occidentalis* et *Lepilemur edwardsi*) ont été observées dans les trois sites de la forêt d'Ankarafantsika (Tableau 2.2). En outre, deux individus *Microcebus* à Ankarokaroka étaient différents du *Microcebus murinus* typique et leurs statut taxonomique n'a pu être clairement établi. *P. v. coquereli* et *E. f. fulvus* ont été observés dans tous les sites, ainsi que le lémurien nocturne *E. mongoz* à Ankarokaroka (Site 1). Le nombre total d'espèces était plus élevé dans le site perturbé et dégradé d'Ankarokaroka que dans les sites moins perturbés de Tsimaloto et Antsiloky. Aucun signe de la présence de *Daubentonia madagascariensis* dans la RNI d'Ankarafantsika n'a été relevé.

La longueur des transects, le nombre de marches de recensement et d'espèces observées sont cités dans le Tableau 2.3 pour les recensements nocturnes et dans le Tableau 2.4 pour les recensements diurnes. La taille des groupes variait faiblement entre les trois sites pour les deux espèces observées lors des recensements diurnes dans tous les sites (Tableau 2.5).

Le pelage et les caractéristiques morphologiques des lémuriens ainsi que les descriptions de leur comportement alimentaire ou social ont été établis par observation systématique et

Table 2.2. The primate species of the RNI d'Ankarafantsika listed by site. All species recorded during survey walks; no additional species were recorded outside the census work. Total number of species in parentheses includes the unidentified *Microcebus* spp.

	Ankarokaroka	Tsimaloto	Antsiloky
Microcebus murinus	+	+	+
Microcebus sp. a[#]	+	-	-
Microcebus sp. b[#]	+	-	-
Cheirogaleus medius	+	+	+
Avahi occidentalis	+	+	+
Lepilemur edwardsi	+	+	+
Propithecus verreauxi coquereli	+	+	+
Eulemur fulvus fulvus	+	+	+
Eulemur mongoz	+	-	-
Total number of species	**7 (9)**	**6**	**6**

+species present
- species absent
unidentified species

Tableau 2.3. Recensements nocturnes: nombre moyen d'observations et distances de détection des espèces (individus) par km de transect dans la réserve d'Ankarafantsika. Seules les espèces de lémuriens clairement identifiées sont citées. La distance de détection indique la distance moyenne (+/- déviation standard) en mètres (m) perpendiculaire à la piste sur laquelle les lémuriens ont été observés (entre parenthèses); n = nombre d'individus.

Trail	Longueur de las piste (m)	Nb. recensements	*Microcebus murinus*	*Cheirogaleus medius*	*Avahi occidentalis*	*Lepilemur edwardsi*	Nb. espèces
Ankarokaroka							
Ia	1500	3	5.1 (5.4±3.7)	2.0 (5.3±3.0)	3.1 (5.8±3.7)	1.6 (5.8±3.7)	4
Ib	375	2	5.3 (3.0±1.6)	-	2.7 (8)	1.3 (8)	3
Ic	625	2	1.6 (6.0±0)	4.8 (4.8±2.9)	-	-	2
Tsimaloto							
IIa	1000	2	1.5 (4.3±3.2)	-	-	5.5 (2.9±3.2)	2
IIb	2000	2	4.8 (3.2±2.2)	2.5 (2.5±2.1)	-	1.3 (2.8±2.3)	3
IIc	1150	2	2.6 (2.5±1.9)	0.9 (3.5±0.7)	0.9 (2±0)	0.4 (4)	4
Antsiloky							
IIIa	1700	2	0.3 (2)	0.6 (4.5±5.0)	0.6 (8.5±9.2)	1.2 (4.7±5.5)	4
IIIb	1000	3	2.0 (2.6±0.9)	0.7 (5.5±3.5)	0.3 (2)	1.7 (3.9±3.3)	4
Total detection distance (m)			**4.1±3.0**	**4.1±2.8**	**5.6±4.0**	**4.2±3.5**	
			n = 64	n = 32	n = 21	n=32	

-, espèce absente

Tableau 2.4: Recensements diurnes: nombre moyen d'observations et distances de détection des espèces (groupes) par km de transect dans la réserve d'Ankarafantsika. La distance de détection indique la distance moyenne (+/- déviation standard) en mètres (m) perpendiculaire à la piste sur laquelle les lémuriens ont été observés (entre parenthèses); n = nombre de groupes.

Trail	Longueur de las piste (m)	Nb. recensements	*Propithecus verreauxi coquereli*	*Eulemur fulvus fulvus*	*Eulemur mongoz*	Nb. espèces
Ankarokaroka						
Ia	1500	9	-	0.4 (4.8±4.7)	0.4 (5.2±3.7)	2
Ib	375	10	-	-	-	-
Ic	625	10	1.0 (7.2±10.4)	0.6 (5.5±4.2)	0.3 (7.5±0.7)	3
Tsimaloto						
IIa	1000	9	0.2 (11.0±5.7)	1.0 (7.2±6.3)	-	2
IIb	2000	8	0.2 (13.7±2.3)	0.4 (12.4±7.7)	-	2
IIc	1150	6	0.3 (11.5±4.9)	0.1 (12)	-	2
Antsiloky						
IIIa	1700	8	0.9 (8.9±4.1)	0.6 (8.4±6.2)	-	2
IIIb	1000	8	0.8 (3.7±3.7)	0.6 (6.0±5.2)	-	2
Total detection distance (m)			**8.1±5.8**	**7.7±6.1**	**5.9±3.2**	
			n = 31	n = 39	n = 7	

- espèce absente

Tableau 2.5: Taille des groupes des espèces de lémuriens observées pendant les recensements diurnes dans la réserve d'Ankarafantsika. +/- erreur standard moyenne; la taille de groupe minimale et maximale est entre parenthèses; n= nombre de groupes.

	Propithecus verreauxi coquereli	Eulemur fulvus fulvus	Eulemur mongoz
Ankarokaroka	4.0±1.0 (3-5) n = 2	8.7±1.9 (5-11) n = 3	4.7±0.3 (4-5) n = 3
Tsimaloto	3.3±0.8 (2-5) n = 4	7.4±0.8 (5-9) n = 5	-
Antsiloky	5.3±0.3 (5-6) n = 4	6.4±2.6 (2-8) n = 5	-

- espèce absente

générale. Les caractéristiques morphologiques restent relativement similaires d'un site à l'autre. Les relevés sur la taille des groupes d'espèces observées de jour sont basés uniquement sur les recensements pour éviter toute erreur.

Recensements diurnes

Eulemur fulvus fulvus

Les individus *E. f. fulvus* des deux sexes ont un pelage dorsal brun à gris-brun avec des faces noires et taches claires au-dessus des yeux. Bien qu'il n'y avait pas de dimorphisme sexuel évident, les mâles avaient tendance à avoir une barbe blanche plus distincte alors que les femelles en avait une moins marquée. La plupart du temps, il a été difficile de distinguer clairement les mâles des femelles.

Au total pour les trois sites, nous avons vu 13 groupes différents d'*Eulemur* pendant l'évaluation (Tableau 2.5). La taille des groupes variait de deux à onze animaux avec une moyenne de 7,0 (+/- 0,8; n=13) et restait relativement constante entre les trois sites (tableau 2.5.). Les groupes consistaient presque tous d'adultes avec parfois un ou deux juvéniles.

Les *E. f. fulvus* pouvaient être entendus le soir et occasionnellement la nuit. Nous les avons vus se mouvant activement dans le canopée à toute heure du jour et parfois la nuit. Nous n'avons observé un comportement de fuite d'*E. f. fulvus* à notre approvhe qu'à quelques occasions. Au contraire, les individus du groupe paraissaient assez habitués aux hommes et nous approchaient avec curiosité.

Propithecus verreauxi coquereli

P. v. coquereli a un pelage blanc sur le dos et marron sur la poitrine, l'intérieur des cuisses et les membres inférieurs, avec parfois des taches argentées ou grises sur le dos. La face est noire avec une touffe de poils blancs sur le museau.

Le nombre total de groupes de propithèques observés dans les trois sites était de 10 (Tableau 2.5). *P. v. coquereli* était organisé en petits groupes de trois à six individus avec une moyenne de 4,2. (+/-0,4; n= 10) (Tableau 2.5). La taille des groupes ne variait pas d'un site à l'autre. La plupart du temps, lorsque les *Propithecus* étaient repérés, ils se met-

taient à émettre leur cri "sifaka" et nous ne les avons vu fuir qu'occasionnellement.

Eulemur mongoz

Eulemur mongoz était observé à Ankarokaroka. Les femelles ont un pelage allant du gris au gris-brun avec une face sombre et des joues et une barbe blanche. Les mâles sont plus sombres et plus bruns sur le dos et les extrémités. Leur face est plus claire avec des joues et des barbes plus touffues et roux-brun.

Au total, la taille moyenne des groupe d'*E. mongoz* variait de 4 à 5 individus avec une moyenne de 4,7 (+/- 0,33; n= 3) (Tableau 2.5). A Ankarokaroka, nous avons trouvé deux groupes le long de la piste 1a. Le premier groupe consistait de deux mâles adultes, deux femelles adultes et une femelle plus petite, probablement une sous-adulte, alors que le second groupe était composé de mâles adultes, une femelle adulte et un juvénile de sexe non-identifié. Un troisième groupe a été observé le long de la piste 1c et consistait de deux mâles adultes et deux femelles adultes. Nous n'avons pu rapporter que les activités diurnes de cette espèce pendant l'évaluation. Le groupe d'*E. mongoz* de la piste 1c a été vu deux fois se mélangeant avec le groupe d'*E. f. fulvus* qui traversait la même piste.

Recensements nocturnes

Microcebus murinus

Les résultats des recensements montrent que dans tous les sites, le *M. murinus* était l'espèce la plus courante (Tableaux 2.3 et 2.4). Les parties dorsales du corps sont grises, parfois avec un fin trait noir et le ventre est blanchâtre. La queue est gris foncé et souvent presque noire à l'extrémité. Le nombre moyen d'observations était constant dans les deux premiers sites mais faible à Antsiloky (Tableau 2.3). En général, ils étaient vus en solitaire avec de rares exceptions où un groupe de deux ou trois individus était vu. *M. murinus* était observé dans le fourré sclérophylle épais ainsi que dans la végétation plus élevée de la forêt sclérophylle.

Microcebus sp. a

Deux *Microcebus* à Ankarokaroka étaient différents du *M. murinus* typique décrit ci-dessus. L'un était un grand individu avec une face roux-brun au lieu de gris et un nez très pointu. La partie extérieure des membres inférieurs était aussi roux-brun. Les oreilles de cet animal étaient de moitié plus petites que celles des individus identifiés comme *M. murinus*.

Microcebus sp. b

La seconde exception aurait pu être un *Microcebus myoxinus* bien qu'une identification catégorique finale n'ait pas été possible. Cet animal était plus petit et plus délicat que tous les autres individus observés. Sa partie supérieure était roux-brun avec un soupçon d'orange. La queue était aussi roussâtre mais pas particulièrement longue. Lorsque nous avons repéré cet animal, il est resté dans une position figée au lieu de s'enfuir rapidement comme le font la plupart des autres microcèbes observés pendant l'évaluation.

Cheirogaleus medius

Le pelage dorsal de ce lémurien était gris et la partie ventrale plus claire, presque blanche. Des cernes sombres marquées entouraient les yeux et le nez était rose. A Ankarokaroka et Tsimaloto, la plupart des *Cheirogaleus* étaient grands et avaient des queues très grasses alors qu'à Antsiloky, les individus étaient plus petits avec des queues moins volumineuses.

En général, *Cheirogaleus* était observé seul. Dans trois (10,3%) des 29 observations, deux *Cheirogaleus medius* se suivaient à 5 m l'un de l'autre. Nous n'avons pas vu de groupe de plus de deux individus.

Avahi occidentalis

Le pelage d'*Avahi occidentalis* était gris avec parfois des taches brunâtres. La face, la gorge et les joues étaient plus clairs et les oreilles presque pas visibles. La queue étaient en général grise mais parfois roussâtre.

Avahi était généralement observé dans la position de repos qui lui est caractéristique, entre les deux branches d'un arbre. Les groupes contenaient jusqu'à trois individus et lors de 5 observations sur 14 (35,7%), les *Avahi* avaient un petit transporté sur le dos d'un adulte.

Lepilemur edwardsi

La détermination spécifique de *L. edwardsi* était basée sur sa fourrure gris-brun, dense sur le dos et sur le ventre. Occasionnellement l'on pouvait distinguer une ligne foncée le long du dos. La face était gris foncé et la queue brun clair avec une extrémité blanche.

L. edwardsi était vu seul, se reposant en position verticale ou sautant d'un tronc d'arbre à un autre. A Tsimaloto, nous avons détecté deux individus *Lepilemur* de taille adulte faisant chacun la toilette de l'autre pendant environ 5 minutes.

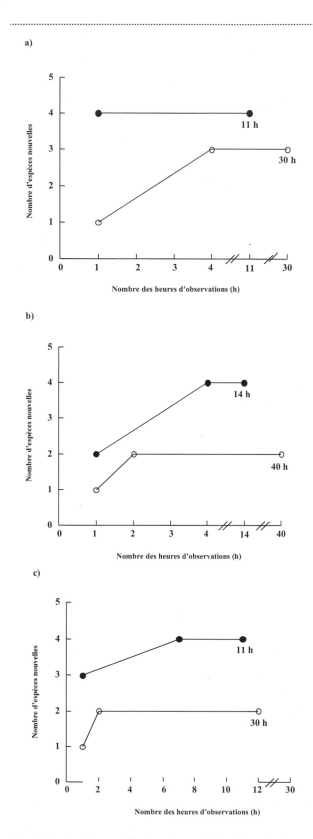

Figure 2.1: Courbes d'accumulation des espèces en fonction du nombre d'heures d'observation pour les recensements de lémuriens diurnes (o) et nocturnes (•) dans la réserve d'Ankarafantsika; (a) site 1, (b) site 2, (c) site 3.

Courbes d'accumulation des espèces

Pour les recensements diurnes, aucune nouvelle espèce n'a été répertoriée après 2–4 heures d'observation, quel que soit le site (Figure 2.1a–c). Aucune autre espèce n'a été observée pendant les recensements nocturnes à Ankarokaroka après les premières heures d'observation (Figure 2.1.a), alors qu'à Tsimaloto il a fallu 4 heures pour atteindre un plateau (Figure 2.1b). La courbe d'accumulation des espèces pour les lémuriens recensés lors des promenades nocturnes à Antsiloky n'atteint son plateau qu'après 7 heures d'observation (Figure 2.1c).

La fréquence d'observation la plus élevée pour les espèces diurnes a été atteint à Antsiloky. En moyenne, un lémurien était observé tous les 0,4 km de piste parcourue. La fréquence d'observation de lémuriens nocturnes la plus élevée est celle à Tsimaloto, avec une observation tous les 0,09 km et la plus faible est celle à Antsiloky avec une observation tous les 0,3 km parcourus.

Discussion

Lors de notre étude dans les forêts de la RNI d'Ankarafantsika, nous avons trouvé sept espèces de lémuriens: *Microcebus murinus*, *Cheirogaleus medius*, *Avahi occidentalis*, *Lepilemur edwardsi*, *Eulemur mongoz*, *Eulemur fulvus fulvus*, *Propithecus verreauxi coquereli*. Ces sept espèces de lémuriens étaient connues pour exister dans la RNI d'Ankarafantsika (Nicoll and Langrand 1989, Mittermeier et al. 1994). Toutefois, Zimmermann et ses collègues (1998) ont récemment ajouté une espèce à la liste des microcèbes, le microcèbe du lac Ravelobe (*Microcebus ravelobensis*). Cette espèce n'est actuellement répertoriée que dans la forêt du lac Ravelobe dans la station forestière d'Ampijoroa où le spécimen type a été collecté. Selon les auteurs, *M. ravelobensis* est un petit lémurien gracile, très actif avec un pelage court et brun-doré. Nous n'avons pas trouvé de *M. ravelobensis* dans notre zone d'étude, ce qui supporte l'hypothèse que l'espèce est fortement restreinte à une localité (Zimmermann et al. 1998).

Sur la base de nos résultats, nous avons répertorié deux individus microcèbes à Ankarokaroka qui étaient différents du *M. murinus* typique. Toutefois, ces deux observations de *Microcebus* étaient difficiles à évaluer. Les descriptions de leur pelage et de la taille de leurs corps suggèrent que le plus petit des deux individus (*M.* sp.) était plus similaire du *M. myoxinus* que de toute autre espèce de microcèbe décrite à ce jour (Schmid and Kappeler 1994). Il est aussi possible, toutefois, que cet individu soit un sous-adulte de *M. murinus* car les naissances de *M. murinus* ont lieu en novembre/décembre (Martin 1972) et ils atteignent leur poids d'adulte à environ quatre mois (Kappeler 1995, Perret 1992). Nous avons étudié Ankarokaroka au début du mois de février (03–09), c'est-à-dire lorsque les petits avaient entre 2 et 3 mois. De plus, *M. murinus* montre une large variation de la coloration de son pelage (observation personnelle) et les individus sont souvent difficiles à classer de manière catégorique sur la base seule de leur couleur.

L'autre individu exceptionnel (*M.* sp.) vu à Ankarokaroka était plus roussâtre que brun-doré comparé à *M. ravelobensis*. Son apparence générale était plutôt grande que gracile et nous ne pensons pas que cet individu était identique à *M. ravelobensis*. Nous pensons également qu'il est peu probable que cet individu soit un *M. murinus* à cause de ses oreilles presque invisibles et son nez très pointu. Ainsi ce microcèbe pourrait représenter soit une sous-espèce encore non-décrite de *M. murinus* soit une nouvelle espèce de *Microcebus*. Pour clarifier le statut taxonomique définitif de ces différents lémuriens, des données comparatives sur leur morphologie, écologie, comportement et génétique sont nécessaires.

Nous avons constaté des différences considérables dans le nombre moyen d'observations de *Cheirogaleus* entre les trois sites. *Cheirogaleus* a été observé plusieurs fois à Ankarokaroka et Tsimaloto et beaucoup moins à Antsiloky (Tableau 3). Ces variations dans les observations devraient être soigneusement prises en compte. *Cheirogaleus medius* hiberne pendant 6 mois par an ou plus de mars à septembre (Martin 1972, Petter et al. 1977). Avant cette saison d'hibernation, il prépare son corps et sa queue grossit. Ces différences saisonnières ont affecté les données car l'évaluation n'a pas été faite de manière simultanée dans les différents sites. Mise à part la variation du nombre d'observations de *Cheirogaleus* entre les trois sites, les individus vus aux sites 1 et 2 étaient grands avec d'importants dépôts de graisse saisonnière dans leur queue, alors qu'au site 3 les individus étaient relativement petits avec des queues moins volumineuses. Les conditions ambiantes et physiologiques déterminant le début de l'hibernation ne sont pas encore claires, mais les individus *Cheirogaleus* des différents sites semblent entrer en hibernation à des périodes différentes (Ganzhorn 1995). Ainsi, la diminution des observations de *C. medius* à Antsiloky pourrait refléter des différences dans leur activité et non un changement dans la densité de leur population. A Antsiloky, nous supposons que seuls les individus n'ayant pas encore suffisamment amassé de réserves pour survivre les périodes de torpeur prolongées, ont été comptés et que la densité de *Cheirogaleus* était par conséquent sous-estimée.

Pendant l'évaluation, nous avons, en général, rencontré des individus solitaires de *Lepilemur edwardsi*. Une récente étude à long terme effectuée dans la Station Forestière d'Ampijoroa (Warren 1994) a cependant révélé que les individus se déplaçaient aussi ensemble pendant plusieurs heures et avaient été vus régulièrement se nourrissant sans agression dans le même arbre. Nous avons observé une seule séance de 10 minutes de toilette mutuelle entre deux individus. Bien que le nombre d'observations variait d'un site à l'autre (Tableau 2.3), nous avons pu largement entendre les cris de *L. edwardsi* dans les trois sites. Nous les entendions souvent sans les apercevoir. A Antsiloky en particulier, le type d'habitat étudié était soit très dense et broussailleux soit avec un canopée de 15-20 m de haut rendant la détection des lémuriens difficile. Bien que la densité des *Lepilemur* ait été forte dans la zone étudiée, la chasse constitue certainement une menace importante sur l'espèce. L'un de nos guides locaux venant d'Antsiloky a raconté que les chasseurs viennent au village avec au moins un sac de riz plein de *Lepilemur* chaque mois pour les vendre.

Avahi occidentalis était rarement observé sur les transects de Tsimaloto et Antsiloky, et le relevé de leur présence prolongeait le temps nécessaire à la détermination de la composition des espèces (Tableau 2.3). Pendant notre séjour au camp d'Antsiloky, il nous a fallu 7 heures de marche le long des transects avant de voir notre premier *Avahi* (Figure 2.1c). A la Station Forestière d'Ampijoroa, il a cependant été rapporté qu'*Avahi* était abondant (Ganzhorn 1988, Warren 1994). Les résultats de notre évaluation montrent clairement que la forêt de la RNI d'Ankarafantsika est d'une grande importance pour la conservation d'*A. occidentalis* car cette espèce n'a été répertoriée que dans cette réserve et dans celles de Manongarivo dans la région de Sambirano (Raxworthy and Rakotondraparany 1988) et du Tsingy de Bemaraha (Mutschler and Thalmann 1990).

Propithecus verreauxi coquereli était une sous-espèce très couramment observée lors des recensements diurnes et nos guides locaux ont mentionné qu'elle était abondance dans toute la RNI d'Ankarafantsika. Sa répartition est cependant très limitée et à part la RNI d'Ankafarafantsika, elle ne serait présente que dans la Réserve Spéciale de Bora (Mittermeier et al. 1994, Tattersall 1982). Des études des autres populations devraient être effectuées dans la région du Bogonlava entre Ankarafantsika et Bora afin de déterminer leur statut.

La forte fréquence d'observation d'*Eulemur fulvus fulvus* pendant l'évaluation était frappante (Tableau 2.3) alors que la chasse semble être une menace majeure à la survie de cette espèce dans les forêts d'Ankarafantsika. A Ankarokaroka et Antsiloky, nous avons trouvé plusieurs pièges à lémuriens spécialement conçus pour capturer des lémuriens se mouvant à quatre pattes tels qu'*E. fulvus* et *E. mongoz*. Cependant aucun de ces pièges n'était en état de fonctionner. Lorsqu'ils fonctionnent, une corde nouée est placée au milieu d'une branche pour attraper et étrangler les lémuriens alors qu'ils se déplacent sur la branche. En général, *E. fulvus* est placé dans la catégorie à faible risque (Harcourt and Thornback 1990, Mittermeier et al. 1992), étant donnée sa grande population et sa vaste répartition.

Eulemur mongoz n'a été observé qu'à Ankarokaroka et ne s'est pas manifesté dans les deux autres sites, même après 70 heures de recensement diurne (Tableau 2.4). L'absence d'*E. mongoz* à Tsimaloto et Antsiloky était surprenante car cette espèce est relativement courante autour d'Ampijoroa (Albignac 1981, Harrington 1978, Sussman and Tattersall 1976, Tattersall and Sussman 1975). De plus, *E. mongoz* est normalement présent dans les zones humides de basse alti-

tude et son absence de Tsimaloto et Antsiloky est d'autant plus étrange que ces deux sites sont les plus humides que nous avons étudiés. Il est très improbable que cette absence soit due à une erreur d'échantillonnage car la période d'échantillonnage et les conditions climatiques étaient pratiquement les mêmes pendant l'expédition. Par ailleurs, la courbe d'accumulation des espèces comprenant *E. mongoz* relevées pendant les recensements diurnes à Ankarokaroka atteignait son plateau après deux heures d'observation seulement (Figure 1a). Ainsi, le nombre d'heures passées au recensement à Tsimaloto et à Antsiloky était suffisant et nous pensons qu'*E. mongoz* n'aurait pas pu être détecté dans ces deux sites même avec des efforts d'échantillonnage plus intensifs.

En plus d'être diurnes, les individus *E. mongoz* étudiés à Ampijoroa étaient aussi nocturnes (Tattersall and Sussmann 1975) et crépusculaires (Albignac 1981). Nous n'avons pas fait d'effort particulier pour étudier *E. mongoz* la nuit parce que cette espèce n'a pas la propriété de refléter la lumière par les yeux et est donc difficile à repérer. Le changement d'une activité diurne à une activité nocturne a lieu, selon les rapports, au début de la saison sèche, parfois aux environs du mois de juin (Harrington 1971, Rasmussen comm.pers.). Notre évaluation a eu lieu en février et donc les lémuriens devaient être en phase diurne.

L'absence d'*E. mongoz* à Antsiloky dans la RNI d'Ankarafantsika pourrait refléter les pressions venant de la chasse dans cette zone. Selon Tattersall (1976, 1983), *E. mongoz* est chassé pour l'alimentation humaine et des pièges ont été aperçus dans une clairière le long d'un petit lac ainsi qu'en pleine forêt. A Tsimaloto, aucun piège n'a été vu et il semble y avoir moins d'impact humain.

En résumé, la seule interprétation plausible de ces résultats est que la répartition d'*E. mongoz* dans la RNI d'Ankarafantsika est plus fragmentée que l'on ne le pensait initialement. La RNI d'Ankarafantsika est la seule aire protégée à Madagascar où *E. mongoz* est naturellement présent. Ce lémurien est également présent aux Comores, dans les îles Moheli et Anjouan où il est presque certain qu'il a été introduit par l'homme. *E. mongoz* est donc classé vulnérable (Mittermeier et al. 1992) et le fait que cette espèce n'ait été observée que dans une zone très restreinte et totalement dégradée de la forêt d'Ankarafantsika est d'autant plus alarmante et reflète le niveau de menace qui pèse actuellement sur cette espèce. Il est donc clair que la RNI d'Ankarafantsika joue un rôle très important pour la conservation de cette espèce. Des informations sur l'écologie et le comportements de ces lémuriens, ainsi que sur leur habitat naturel, sont nécessaires pour pouvoir assurer leur protection à long terme.

Des évaluations rapides de la biodiversité, comme ce fut le cas de cette évaluation, dans les forêts sèches, pendant cinq à sept jours dans chaque site, sont suffisantes pour générer des données sur la richesse en espèces. Pendant notre évaluation dans la RNI d'Ankarafantsika, toutes les espèces détectées pendant les recensements diurnes ont été repérées après seulement 2–4 heures d'observation par une seule équipe d'observateurs. Toutes les espèces nocturnes ont été repérées dans une intervalle de 2–7 heures. Des évaluations rapides des primates de la forêt humide de l'est ont produit des résultats similaires, bien que le nombre d'espèces présentes y était plus élevé. Dans la Réserve de l'Andringitra, dans la partie centrale de Madagascar, par exemple, toutes les espèces diurnes ont été détectées en 5–15 heures d'observation et toutes les espèces nocturnes en 2-8 heures d'observation (Sterling and Ramaroson 1996). Les évaluations rapides sont appropriées pour inventorier la richesse en espèces de primates des forêts. Toutefois, il faut se rappeler que de tels échantillonnages brefs sont inappropriés pour calculer la densité des espèces de primate car les méthodes de calcul nécessitent des niveaux d'observations fréquentes que l'on ne peut atteindre lors des évaluations rapides (Buckland et al. 1993, Whitesides et al. 1988).

La composition des espèces de lémuriens dans la RNI d'Ankarafantsika démontre clairement l'importance des forêts au sein du réseau d'aires protégées de Madagascar. Certaines espèces rares de lémuriens, en particulier *Avahi occidentalis, Propithecus verreauxi coquereli* et *Eulemur mongoz*, sont présentes dans la réserve. La protection de la RNI d'Ankarafantsika nécessiterait une surveillance plus efficace, avec l'équipement approprié, le développement d'alternatives aux pratiques agricoles actuelles, et des programmes permettant à la population humaine locale de maintenir un niveau de vie décent sans avoir à détruire la forêt. Afin d'assurer la survie des lémuriens, des recherches supplémentaires sont nécessaires pour mieux connaître leur écologie, leur comportement, leur habitat, leur répartition géographique, leur taxonomie et leur statut de conservation.

References Citees

Albignac R. 1981. Lemurine social and territorial organisation in a north-western Malagasy forest (restricted area of Ampijoroa). In *Primate behavior and sociobiology* (eds. Chiarelli A.B. and Corruccini, R.S.), pp. 25–29. Springer Verlag, Berlin.

Bouliere F. 1985. Primate communities: their structure and role in tropical ecosystems. *International Journal of Primatology* 6:1–26.

Buckland S.T., Anderson D.R., Burnham K.P. and Laake J.L. 1993. *Distance sampling: estimating abundance of biological populations.* Chapman and Hall.

Ganzhorn J.U. 1988. Food partitioning among Malagasy primates. *Oecologia* 75: 436–450.

Ganzhorn J.U. 1992. Leaf chemistry and the biomass of folivorous primates in tropical forests: Test of a hypothesis. *Oecologia* 91:540–547.

Ganzhorn J.U. 1994. Les lémuriens. In *Inventaire Biologique: Forêt de Zombitse. Recherches pour le Development. Série Sciences Biologiques N. Special* (eds. Goodman S.M. and Langrand O.), pp 70–72. Antananarivo, Madagascar, Centre d'Information et de Documentation Scientifiques et Technique.

Ganzhorn J.U. 1995. Low-level forest disturbance effects on primary production, leaf chemsitry, and lemur populations. *Ecology* 76(7):2084–2096.

Goodman S.M. and Patterson B.D. 1997. *Natural change and human impact in Madagascar.* Smithsonian Institution Press, Washington.

Harcourt C. and Thornback, J. 1990. *Lemurs of Madagascar and the Comores.* The IUCN red data book. IUCN, Gland and Cambridge.

Harrington, J.E. 1978. Diurnal behavior of *Lemur mongoz* at Ampijoroa, Madagascar. *Folia Primatologica* 29:291–302.

Kappeler P.M. 1995. Life history variation among nocturnal prosimians. In *Creatures of the dark: The nocturnal Prosimians* (eds. Izard M.K., Alterman L. and Doyle G.A.), Plenum Press, New York.

Martin R.D. 1972. A preliminary field-study of the lesser mouse lemur (*Microcebus murinus* J.F. Miller 1777). *Zeitschrift für Tierpsychology Supplement* 9:43–89.

Mittermeier, R.A., Konstant W.R., Nicoll M.E. and Langrand O. 1992. *Lemurs of Madagascar: An Action Plan for their Conservation. 1993–1999.* IUCN/SSC Primate Specialist Group. Gland, Switzerland.

Mittermeier, R.A., Tattersall I., Konstant W.R., Meyers D.M. and Mast R.B. 1994. *Lemurs of Madagascar.* Conservation International, Washington, DC.

Mutschler T. and Thalmann U. 1990. Sighting of *Avahi* (woolly lemur) in western Madagascar. *Primate Conservation*, 11:9–11.

Nicoll M.E. and Langrand O. 1989. *Madagascar: Revue de la Conservation et des Aires Protégées.* WWF, Gland.

Perret M. 1992. Environmental and social determinants of sexual function in the male lesser mouse lemur (*Microcebus murinus*). *Folia Primatologica* 59:1–25.

Petter J.J., Albignac R. and Rumpler Y. 1977. *Faune de Madagascar 44: Mammifères Lémuriens (Primates Prosimien)*. OSTROM and CNRS, Paris.

Raxworthy C. J. and Rakotondraparany F. 1988. Mammals report. In *Manonogarivo Special Reserve (Madagascar), 1987/88 Expedition Report* (ed. Quansah N.). Madagascar Environmental Research Group, U.K.

Richard A.F. and Dewar R.E. 1991. Lemur ecology. *Annual Reviews of Ecology and Systematics* 22:395–406.

Schmid J. and Kappeler P. 1994. Sympatric mouse lemurs (*Microcebus* spp.) in Western Madagascar. *Folia Primatologica* 63:162–170.

Schmid J. and Smolker R. 1997. Lemurs in the Reserve Special d'Anjanaharibe-Sud. In *A floral and faunal inventory of the Reserve Special d'Anjanaharibe-Sud, Madagascar: with reference to elevational variation* (ed. Goodman S.M.). *Fieldiana Zoology*. Pp. 227–238

Sterling E.J. and Ramaroson M.G. 1996. Rapid assessment of the primate fauna of the eastern slopes of the Reserve Naturelle d'Andringitra, Madagascar. In *A floral and faunal inventory of the Reserve Naturelle Integrale d'Andringitra, Madagascar: with reference to elevational variation* (ed. Goodman S.M.). *Fieldiana Zoology* 85:293–305.

Sussman R.W. and Tattersall I. 1976. Cycles of activity, group composition and diet of *Lemur mongoz* Linnaeus 1766 in Madagascar. *Folia Primatologica* 26: 270–283.

Tattersall I. 1976. Group structure and activity rhythm in *Lemur mongoz* (Primates, Lemuriformes) on Anjouan and Mohéli Islands, Comoro Archipelago. *Anthropological Papers of the American Museum of Natural History* 53(4): 369–380.

Tattersall I. 1982. *The primates of Madagascar*. Columbia University Press, New York.

Tattersall I. 1983. Status of the Comoro lemurs: a reappraisal. *IUCN/SSC Primate Specialist Group Newsletter* 3: 24–26.

Tattersall I. 1993. Madagascar's lemurs. *Scientific American* January: 90–97.

Tattersall I. and Sussman R.W. 1975. Observations on the ecology and behavior of the mongoose lemur *Lemur mongoz mongoz* Linnaeus (Primates, Lemuriformes) at Ampijoroa, Madagascar. *Anthropological Papers of the American Museum of Natural History* 52(4): 195–216.

Warren R.D. 1994. Lazy leapers: a study of the locomotor ecology of two species of saltatory nocturnal lemur in sympatry at Ampijoroa, Madagascar. D.Phil. thesis, University of Liverpool.

Whitesides, G.H., J.F. Oates, S.M. Green and R.P. Kluberdanz. 1988. Estimating primate densities from transects in a West African rain forest: a comparison of techniques. *Journal of Animal Ecology* 57:345–367.

Zimmermann E., E. Cepok, N. Rakotoarison, V. Zietemann and U. Radespiel. 1998. Sympatric mouse lemurs in north-west Madagascar: a new rufous mouse lemur species (*Microcebus ravelobensis*). *Folia Primatologica* 69:104–114.

Chapter 2 (Anglais)

Lemurs of the Réserve Naturelle Intégrale d'Ankarafantsika, Madagascar

Jutta Schmid and Rodin M. Rasoloarison

Abstract

A rapid assessment of the lemur fauna was conducted between February 03 and 24, 1997 in the deciduous dry forest of the Réserve Naturelle Intégrale (RNI) d'Ankarafantsika in northwestern Madagascar. At each site, presence and abundance of lemur species were estimated using the line transect method. A total of seven lemur species were recorded during the survey. Species richness was highest at Ankarokaroka, where the level of disturbance was most pronounced. Important taxa found for the conservation of rare primates include *Avahi occidentalis*, *Propithecus verreauxi coquereli* and *Eulemur mongoz*. For *Eulemur mongoz*, the RNI d'Ankarafantsika is the only protected area in Madagascar where this species naturally occurs.

Introduction

Madagascar's primate diversity is striking and contains more endangered and vulnerable primate species than any other country in the world (Bourlière 1985, Harcourt and Thornback 1990, Mittermeier et al. 1994). The 32 living Malagasy lemur species occupy a wide range of forests and vegetation types including eastern humid forests, western dry forests and spiny forests of the south (Tattersall 1982, 1993). At least 15 lemur species already have gone extinct since the arrival of humans less than 2000 years ago (Richard and Dewar 1991, contributors to Goodman and Patterson 1997). This figure suggests that many others could disappear within the next few decades if rapid protection is not undertaken.

The major threats to lemurs are habitat destruction and hunting. Much of the forest throughout Madagascar has been replaced by a mosaic of cultivation and secondary formations. The central plateau is almost totally deforested. The continuing destruction of Madagascar's forests increases the need to develop comprehensive action plans for the remaining forest areas. Rapid biodiversity assessment techniques are therefore used to determine primate species richness at selected sites. Obtained information can then be used as a basis for more intensive long-term surveys on patterns of species distribution and population abundance.

Currently, there are 38 protected areas in Madagascar that cover sites of high species diversity and endemism (Nicoll and Langrand 1989, Mittermeier et al. 1992). Although many of these protected areas have received intensive biological research, some are still very poorly explored. The Réserve Naturelle Intégrale (RNI) d'Ankarafantsika, located in close proximity to the 20,000 ha Ampijoroa Classified Forest, is an area comprising 60,250 ha of deciduous dry forest. The RNI d'Ankarafantsika faces a high degree of pressure from human populations including traditional burning to create pastures for livestock, charcoal production and poaching (Nicoll and Langrand 1989, Mittermeier et al. 1992).

Surveys and biological information on both RNI d'Ankarafantsika and Ampijoroa are needed since the information concerning the status of lemur populations is still scant. Establishing the distribution of lemurs is important for conservation planning, such as in identifying key biodiversity areas and in assessing the appropriate use and status of protected areas. Thus, a rapid biological assessment (RAP) of RNI d'Ankarafantsika was undertaken by a team of biologists to inventory the flora and fauna. In particular, the aim of our work was to provide additional information on the distribution and abundance of lemur species for this part of Madagascar. The survey reported here also provides some information on habitat preferences and effects of habitat disturbance that may contribute to a more effective management of the RNI d'Ankarafantsika.

Methods

Study sites

The survey was conducted at three sites in RNI d'Ankarafantsika between 3 and 24 February 1997. The team consisting of two researchers and one student in training visited each of the three sites for a minimum of 5 days. Site I: **Ankarokaroka** (03–09 February) was located in degraded forest about 5 km southwest of the forestry station at Ampijoroa (16°20'16.8"S, 46°47'34.8"E). The other two sites were located in relatively intact and less disturbed forest within the RNI d'Ankarafantsika. Site II: **Tsimaloto** (11–17 February) was in the southeastern portion of the RNI d'Ankarafantsika (16°13'44.4"S, 47°8'34.8"E). Site III: **Antsiloky** (19–24 February) in the center of the RNI d'Ankarafantsika (16°13'37.2"S, 46°57'46.8"E).

The line transect method was used to census lemurs. At each site we mainly utilized preexisting trails left by feral pigs, cows and humans, and to some extent we also cut and laid out new trails. We attempted to select trails that covered all forest habitats important for lemurs such as xerophytic forest, humid or riverine forest and xerophytic scrub. See Table 2.1 for a general description of the forest types of each trail.

Census methods

At each location two to three trails of varying lengths (375 m to 1700 m) were used for lemur surveys. Lemurs were censused by walking slowly (approximately 0.7 km h⁻¹) along trails marked every 25 m with flagging tape. Nocturnal censuses commenced 20 to 60 minutes after dusk for two to four hours each night. Diurnal censuses took place in the morning (6:00–11:30 h) and in the afternoon (15:00–17:30 h). Walks were always separated by a time interval of at least six hours when trails were censused twice during the daylight hours. During the diurnal census walks we paused fairly regularly (approximately every 50 m) to watch and listen for signs of primate presence, such as vocalizations or movement in the vegetation. At night we used the dim light of a headlamp to pick up the eye shine of nocturnal lemurs. A more powerful handheld flashlight and binoculars (7x42) were then used for species identification. When lemurs were detected, we noted the species, number of individuals, age/sex composition and general activity of the group, as well as the time of contact, position on the transect, height from the ground, and habitat type. Distance from the observer and perpendicular distance from the trail was estimated for the first individual seen in each group. No more than 10 minutes were spent for any single sighting. Censusing along each transect was repeated a minimum of two times for nocturnal transects and a minimum of six times for diurnal transects. We did not conduct transects when our viewing distance was restricted to less than 15m because of heavy rain.

Since the number of census walks was low, no estimates of lemur densities were made (Whitesides et. al. 1988). Inadequate sample sizes such as the few repetitions of each transect, and the relatively short distances covered in each site prevented us from determining density calculations (Ganzhorn 1992, 1994, Schmid and Smolker 1997, Sterling and Ramaroson 1996) on these data. However, mean number of sightings of lemurs per km transect were calculated. Additionally, the mean detection distance perpendicular to

Table 2.1. Description of the different habitat types found along the trails walked during census at each site in the RNI and RF d'Ankarafantsika.

Trail	Habitat Types	Level of Disturbance
Ankarokaroka Ia	Valley, open "gallery forest" with a high number of liana (canopy 15–20m); dense scrub	High (cattle grazing, tree cutting, sedimentation from lavaka)
Ankarokaroka Ib	Slope, xerophytic forest (canopy 5–10m); xerophytic scrub	Medium (tree cutting, sedimentation from lavaka)
Ankarokaroka Ic	Along a little stream, dense scrub; xerophytic forest	High (cattle grazing, tree cutting, sedimentation from lavaka)
Tsimaloto IIa	River valley, riverine and xerophytic forest (canopy 10–20m); slope: xerophytic forest and scrub	Low
Tsimaloto IIb	River valley, riverine and xerophytic forest (canopy 15–25m); Slope, xerophytic scrub and xerophytic forest (canopy 5–12m); savannah	Low (numerous treefall gaps)
Tsimaloto IIc	Ridge, xerophytic scrub and forest (canopy 5–15m)	Low
Antsiloky IIIa	River valley, humid forest (canopy 20–30m)	Medium (cattle grazing; tree cutting)
Antsiloky IIIb	Slope, xerophytic scrub and xerophytic forest (canopy 5–15m)	Low

the trail at which lemurs were seen was given for each species and trail. Since we did not find significant differences across trails, a single average detection distance was then calculated for each species. For diurnal censuses the mean number of groups and for nocturnal censuses the mean number of individuals observed within the transects were given. Lemurs heard but not seen during census walks, or which we (or other researchers) saw outside census walks were not included in our calculations of encounter rates for either diurnal or nocturnal surveys. In addition, we did not include lemurs that could not be classified clearly on the basis of their shape and colouration alone.

Apart from the systematic transect surveys, general observations were made during the day. We therefore walked off the trail at each site to look for secondary signs of lemur presence such as characteristic feeding signs for *Daubentonia* (gnaw marks from excavation of dead wood or living branches) or sleeping sites for nocturnal species (e.g. nests for *Daubentonia* or *Mirza*; tree holes for *Cheirogaleus* or *Microcebus*). Local people were questioned to collect information about the presence of lemur species and about the hunting pressure on the primate fauna.

Results

In total, one diurnal species *(Propithecus verreauxi coquereli)*, two cathemeral species *(Eulemur mongoz* and *Eulemur fulvus fulvus)* and four typically nocturnal species *(Microcebus murinus, Cheirogaleus medius, Avahi occidentalis,* and *Lepilemur edwardsi)* were observed at the three sites in the forest of Ankarafantsika (Table 2.2). In addition, two individuals of *Microcebus* at Ankarokaroka were different from the typical *Microcebus murinus* and their taxonomic status could not be determined clearly. *P. v. coquereli* and *E. f. fulvus* were found at all sites, as were all the nocturnal lemurs except *Microcebus* sp. a and sp. b. *E. mongoz* was only seen at Ankarokaroka (Site I). The total number of species was higher in the disturbed and degraded site of Ankarokaroka than in the undisturbed sites of Tsimaloto and Antsiloky. No evidence was found for the presence of *Daubentonia madagascariensis* in the RNI d'Ankarafantsika.

The length of transects, number of census walks and observed species are listed in Table 2.3 for nocturnal, and in Table 2.4 for diurnal censuses. Group size varied little between the three sites for the two species that we observed during diurnal census walks in all areas (Table 2.5).

Pelage and morphological characteristics of lemurs as well as reports on feeding or social behavior were derived from both systematic and general field observations. Morphological characteristics remained relatively similar between sites. Reports on group size of the species seen during the daytime work were only based on census walks to prevent errors.

Diurnal censuses

Eulemur fulvus fulvus (common brown lemur)

Both sexes of *E. f. fulvus* were brown to grey-brown dorsally with black faces and light patches above the eyes. Although there was not an obvious sexual dimorphism, males tended to have a more distinctive white beard whereas a lighter beard was found in females. In most of the lemur sightings a clear separation between males and females was not possible.

In total for all sites, we saw 13 different groups of *Eulemur* during the survey (Table 2.5). Group size varied from two to eleven animals with an average of 7.0 (±0.8; n=13), and remained relatively constant between the three sites (Table 2.5). The groups consisted mostly of adults with sometimes one or two juveniles.

Table 2.2. The primate species of the RNI d'Ankarafantsika listed by site. All species recorded during survey walks; no additional species were recorded outside the census work. Total number of species in parentheses includes the unidentified *Microcebus* spp.

	Ankarokaroka	Tsimaloto	Antsiloky
Microcebus murinus	+	+	+
Microcebus sp. a[#]	+	-	-
Microcebus sp. b[#]	+	-	-
Cheirogaleus medius	+	+	+
Avahi occidentalis	+	+	+
Lepilemur edwardsi	+	+	+
Propithecus verreauxi coquereli	+	+	+
Eulemur fulvus fulvus	+	+	+
Eulemur mongoz	+	-	-
Total number of species	**7 (9)**	**6**	**6**

+species present
- species absent
unidentified species

Table 2.3. Nocturnal censuses: mean number of individual sightings and detection distances of lemurs per km transect in the RNI and RF d'Ankarafantsika. Only lemur species clearly identified were listed. Detection distance (given in parentheses) indicates the mean distance ± standard deviation in meters (m) perpendicular to the trail at which lemurs were seen.

Trail	Length of transects (m)	No. censuses	*Microcebus murinus*	*Cheirogaleus medius*	*Avahi occidentalis*	*Lepilemur edwardsi*	No. spp.
Ankarokaroka							
Ia	1500	3	5.1 (5.4±3.7)	2.0 (5.3±3.0)	3.1 (5.8±3.7)	1.6 (5.8±3.7)	4
Ib	375	2	5.3 (3.0±1.6)	-	2.7 (8)	1.3 (8)	3
Ic	625	2	1.6 (6.0±0)	4.8 (4.8±2.9)	-	-	2
Tsimaloto							
IIa	1000	2	1.5 (4.3±3.2)	-	-	5.5 (2.9±3.2)	2
IIb	2000	2	4.8 (3.2±2.2)	2.5 (2.5±2.1)	-	1.3 (2.8±2.3)	3
IIc	1150	2	2.6 (2.5±1.9)	0.9 (3.5±0.7)	0.9 (2±0)	0.4 (4)	4
Antsiloky							
IIIa	1700	2	0.3 (2)	0.6 (4.5±5.0)	0.6 (8.5±9.2)	1.2 (4.7±5.5)	4
IIIb	1000	3	2.0 (2.6±0.9)	0.7 (5.5±3.5)	0.3 (2)	1.7 (3.9±3.3)	4
Total detection distance (m)			4.1±3.0	4.1±2.8	5.6±4.0	4.2±3.5	
			n = 64	n = 32	n = 21	n=32	

- species absent

Table 2.4. Diurnal censuses: mean number of group sightings and detection distances of lemurs per km transect in the RNI and RF d'Ankarafantsika. Detection distance (given in parentheses) indicates the mean distance ± standard deviation in meters (m) perpendicular to the trail at which lemurs were seen.

Trail	Length of transects (m)	No. Censuses	*Propithecus verreauxi coquereli*	*Eulemur fulvus fulvus*	*Eulemur mongoz*	No. Spp.
Ankarokaroka						
Ia	1500	9	-	0.4 (4.8±4.7)	0.4 (5.2±3.7)	2
Ib	375	10	-	-	-	-
Ic	625	10	1.0 (7.2±10.4)	0.6 (5.5±4.2)	0.3 (7.5±0.7)	3
Tsimaloto						
IIa	1000	9	0.2 (11.0±5.7)	1.0 (7.2±6.3)	-	2
IIb	2000	8	0.2 (13.7±2.3)	0.4 (12.4±7.7)	-	2
IIc	1150	6	0.3 (11.5±4.9)	0.1 (12)	-	2
Antsiloky						
IIIa	1700	8	0.9 (8.9±4.1)	0.6 (8.4±6.2)	-	2
IIIb	1000	8	0.8 (3.7±3.7)	0.6 (6.0±5.2)	-	2
Total detection distance (m)			8.1±5.8	7.7±6.1	5.9±3.2	
			n = 31	n = 39	n = 7	

- species absent

E. f. fulvus were often heard calling at dusk and occasionally at night. We have seen them actively moving in the canopy in all daylight hours, and occasionally during the night. Only on a few occasions did we observe fleeing behavior in *E. f. fulvus* when it detected us. Rather, individuals in the group appeared quite tame and displayed curiosity by approaching us.

Propithecus verreauxi coquereli (Coquerel's sifaka)

P. v .coquereli's body hair was white on the dorsal surface and maroon on the chest, inner thighs and forelimbs. Occasionally, silvery or greyish patches occurred on the back. The face was black with a patch of white hair across the muzzle.

The total number of *Propithecus* groups observed at all three sites was 10 (Table 2.5). *P. v. coquereli* was mainly organized into small groups, composed of three to six individuals with an average of 4.2 (±0.4; n=10) (Table 2.5). Group size did not differ between sites. Most of the time when *Propithecus* were seen, they started their typical "sifaka" vocalization but fleeing behavior was observed only occasionally.

Eulemur mongoz (mongoose lemur)

Eulemur mongoz was found only at Ankarokaroka. Females were grey to greyish-brown with a dark face and white cheeks and beard. Males were darker than females and more brownish on the back and extremities. They had paler faces and more bushy reddish-brown cheeks and beards.

In total, the mean group size of mongoose lemurs varied between four and five individuals with an average of 4.7 (±0.33; n=3) (Table 2.5). In Ankarokaroka, two groups occurred along trail Ia. The first consisted of two adult males, two adult females and a fifth smaller sized female, probably a subadult, whereas the second group consisted of two adult males, one adult female and one juvenile of unidentified sex. A third group was seen along trail Ic and consisted of two adult males and two adult females. During the survey we could only report diurnal activity for this species. The mongoose lemur group of trail Ic was seen twice intermingling and traveling with the group of common brown lemurs which occurred along the same trail.

Nocturnal censuses

Microcebus murinus (grey mouse lemur)

Census results showed that at all sites, the grey mouse lemur was the most common primate species (Table 2.3 and 2.4). The dorsal parts of the body were grey, occasionally with a thin black dorsal stripe, and the ventrum was whitish. The tail was dark grey and often almost black towards the tip. The mean number of sightings remained approximately constant across the first two sites but dropped off at Antsiloky (Table 2.3). In general, they were mostly seen solitary with few exceptions where groups of two to three individuals were seen together. *M. murinus* were seen in the dense xerophytic scrub as well as in the taller vegetation of the xerophytic forest.

Microcebus sp. a

Two *Microcebus* at Ankarokaroka were different from the typical *Microcebus murinus* as described above. One was a very large individual with a reddish brown rather than grey face and a very pointy nose. The outer forelimbs were also reddish brown. Additionally, the ears of this animal were about half as large as the ears in any individuals identified as *M. murinus*.

Microcebus sp. b

The second exception could have been *Microcebus myoxinus*, though a definite positive identification was not possible. This animal was much smaller and more dainty than all the other individuals seen. Its upper part was reddish-brown with a tinge of orange. The tail was also reddish in color but not particularly long. When we spotted this individual it remained in a freezing position rather than moving away quickly as observed in most of the other mouse lemur sightings during the survey.

Table 2.5. Group sizes of lemur species observed during diurnal census walks in the RNI and RF d'Ankarafantsika. Mean ± standard error; the minimal and maximal group size is given in parentheses; n = number of groups.

	Propithecus verreauxi coquereli	Eulemur fulvus fulvus	Eulemur mongoz
Ankarokaroka	4.0±1.0 (3-5) n = 2	8.7±1.9 (5-11) n = 3	4.7±0.3 (4-5) n = 3
Tsimaloto	3.3±0.8 (2-5) n = 4	7.4±0.8 (5-9) n = 5	-
Antsiloky	5.3±0.3 (5-6) n = 4	6.4±2.6 (2-8) n = 5	-

- species absent

Cheirogaleus medius (fat-tailed dwarf lemur)

The dorsal body pelage of this species was grey and its under-part was lighter, almost white. Marked dark rings surrounded the eyes and the nose was pink. At Ankarokaroka and Tsimaloto most of the *Cheirogaleus* were large and had very fat tails whereas at Antsiloky individuals were smaller with less voluminous tails.

In general, *Cheirogaleus* was observed alone. In three (10.3%) out of 29 encounters two *Cheirogaleus medius* were seen within 5 m of each other. We have never seen groups of more than two individuals.

Avahi occidentalis (western woolly lemur)

The body pelage of *Avahi occidentalis* was grey in color, occasionally with brownish patches. Its face, throat and cheeks were paler and the ears were almost not visible. The tail was usually grey but sometimes reddish.

Avahi was generally observed in their characteristic resting posture in forks of trees. Groups contained up to three individuals, and in 5 (35.7%) out of 14 encounters, *Avahi* were seen with a single infant carried on the back of an adult.

Lepilemur edwardsi (Milne-Edwards' sportive lemur)

The specific determination of *L. edwardsi* was based on its greyish brown, dense dorsal and ventral fur. Occasionally a dark stripe could be distinguished running along the back. The face was darkish grey and the tail was light brown with a white tip.

L. edwardsi was found alone, generally resting in a vertical position or leaping from one tree trunk to another. At Tsimaloto we once detected two adult sized *Lepilemur* grooming each other for approximately 5 minutes.

Species accumulation curves

For diurnal censuses, no new species were recorded after 2–4 hours of observation irrespective of survey site (Figure 2.1a–c). No additional species were seen during nocturnal censuses at Ankarokaroka after the first hours of observation (Figure 2.1a), while at Tsimaloto 4 hours were needed to reach a plateau (Figure 2.1b). Species accumulation curve for lemurs counted during nocturnal survey walks at Antsiloky, however, only reached its plateau after 7 hours of observation (Figure 2.1c).

The highest encounter rate for diurnal species was at Antsiloky. On average there was a lemur sighting for every 0.4 km of trail walked. We saw nocturnal lemurs most frequently at Tsimaloto, one observation every 0.09 km, and least frequently at Antsiloky, one observation per 0.3 km walked.

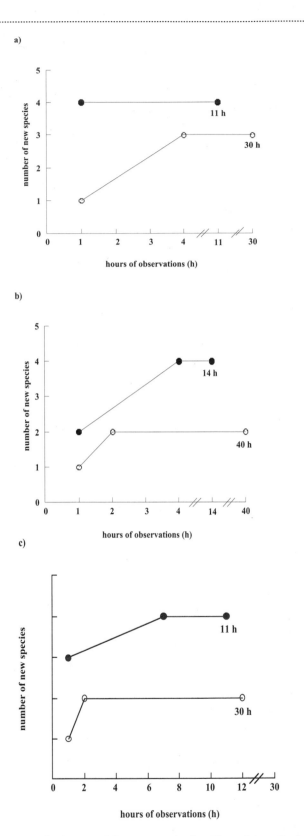

Figure 2.1: Species accumulation curves as a function of hours of observation for diurnal (o) and nocturnal (●) lemur censuses in the Reserve d'Ankarafantsika; (a) site I, (b) site II, (c) site III.

Discussion

During our survey in the forests of RNI d'Ankarafantsika we found seven lemur species: *Microcebus murinus, Cheirogaleus medius, Avahi occidentalis, Lepilemur edwardsi, Eulemur mongoz, Eulemur fulvus fulvus, Prophithecus verreauxi coquereli*. These seven species have been known to occur in the RNI d'Ankarafantsika (Nicoll and Langrand 1989, Mittermeier et al. 1994). However, Zimmermann and colleagues (1998) recently added one more species to the list by describing a new mouse lemur species, the Lac Ravelobe mouse lemur (*Microcebus ravelobensis*). This species is currently known only from the forest around Lac Ravelobe at the Ampijoroa Forestry Station where the type specimen was collected. According to the authors, *M. ravelobensis* is a small, gracile and very active lemur with a short and golden-brown pelage. We did not find *M. ravelobensis* in the area that was surveyed, which supports the assumption of the extremely localised range of this species (Zimmermann et al., 1998).

On the basis of our results we recorded two individuals of *Microcebus* at Ankarokaroka that were different from the typical *Microcebus murinus*. However, these two sightings of *Microcebus* are difficult to assess. Descriptions of their pelage and body size suggested that the smaller one of the two individuals (*M. sp. b*) was more similar to *M. myoxinus* than to any other mouse lemur species described so far (Schmid and Kappeler 1994). It is also possible, however, that this individual was a subadult of *M. murinus* because births of *M. murinus* take place in November/December (Martin 1972), and they reach their adult weight at about 4 months (Kappeler 1995, Perret 1992). We surveyed Ankarokaroka at the beginning of February (03–09), i.e. when offspring are 2 to 3 months old. Furthermore, *M. murinus* shows a wide variation in pelage coloration (personal observation), and therefore individuals often cannot be classified unequivocally on the basis of their coloration alone.

The other exceptional individual (*M. sp. a*) seen at Ankarokaroka was more reddish in color than golden-brown when compared to *M. ravelobensis*. Its overall appearance was huge rather than gracile and we therefore do not think that this mouse lemur was identical with *M. ravelobensis*. We also think it is unlikely that the individual seen was *M. murinus* because of its almost invisible ears and its very pointed nose. Thus, this mouse lemur could possibly represent either an undescribed subspecies of *M. murinus* or a new species of *Microcebus*. To clarify the final taxonomic status of the different mouse lemur taxa, however, comparative data on morphology, ecology, behavior and genetics are needed.

Considerable differences in the mean number of sightings of *Cheirogaleus* were found in the three sites. It was seen often at Ankarokaroka and Tsimaloto, while at Antsiloky the number of sightings was much lower (Table 2.3). These changes in sightings should be considered with care, however.

Cheirogaleus medius hibernates for 6 or more months per year from March until September (Martin 1972, Petter et al. 1977). Prior to this season preparatory body and tail fattening is observed. These seasonal differences may have affected the data since the survey was not undertaken simultaneously at the different sites. Apart from the changing number of sightings of *Cheirogaleus* in the three sites, individuals seen at site I and II were large with a lot of seasonal fat deposits in their tails, whereas at site III individuals were relatively small with less voluminous tails. The ambient and physiological conditions determining the onset of hibernation are still unclear, but *Cheirogaleus* individuals in different areas seem to enter hibernation at different times (Ganzhorn 1995). Thus, the decrease of *C. medius* at Antsiloky may reflect differences in activity rather than a change in population density. At Antsiloky we hypothesize that only individuals that had not yet stored enough reserves for maintaining prolonged periods of torpor were counted and that the density of *Cheirogaleus* was therefore underestimated.

During the survey we usually saw single animals of *Lepilemur edwardsi*. However, a recent long-term study at the Ampijoroa Forestry Station (Warren 1994) revealed that individuals also moved together for several hours and were regularly seen feeding without aggression in the same tree. We only once observed a 10 minute grooming sessions between two animals. Although the number of sightings varied from site to site (Table 2.3), we found *L. edwardsi* extremely vocal at all three sites. We often heard them but were not able to see them. In particular, at Antsiloky the habitat type surveyed was either very dense and scrubby or it had a canopy height of 15-20m making detection of lemurs difficult. Although the density of *Lepilemur* was high in the area surveyed, hunting pressure is certainly a great threat to this species. One of our local guides from Antsiloky reported that hunters take out at least one rice sack full of *Lepilemur* each month to sell in the villages.

Avahi occidentalis were rarely observed on transects at Tsimaloto and Antsiloky, and recording their presence lengthened the time taken to determine species composition (Table 2.3). During our stay at camp Antsiloky, it took 7 hours of walking transects before we observed the first *Avahi* (Figure 2.1c). At the Ampijoroa Forestry Station, however, it is reported to be abundant (Ganzhorn 1988, Warren 1994). Our results from the survey make clear, however, that the forest of RNI d'Ankarafantsika is of great importance for the conservation of *A. occidentalis* because apart from the RNI d'Ankarafantsika this species has only been reported in the Manongarivo Special Reserve in the Sambirano region (Raxworthy and Rakotondraparany 1988) and in the Tsingy de Bemaraha Reserve (Mutschler and Thalmann 1990).

Propithecus verreauxi coquereli was a very common subspecies seen during diurnal censuses and our local guides mentioned that it is abundant in the whole RNI d'Ankarafantsika. Its distribution, however, is very limited and apart from the RNI d´Ankarafantsika it may only be present in the Bora Special Reserve (Mittermeier et al. 1994, Tattersall 1982). Surveys for other populations should be conducted in the Bongolava region between Ankarafantsika and Bora to determine its status.

The high encounter rate for *Eulemur fulvus fulvus* during the survey was striking (Table 2.3) since hunting seems to be a major threat to its survival in the forests of Ankarafantsika. At Ankarokaroka and Antsiloky we found several lemur traps specialized for catching quadrupedally moving lemurs, such as *E. fulvus* and *E. mongoz*. However, none of these traps were in functional condition. When working, a noose of rope is placed in the middle of the branch, which catches and strangles lemurs as they walk along the branch. In general, *E. fulvus* is placed in the *Low Risk* category (Harcourt and Thornback 1990, Mittermeier et al. 1992) based on its large population and widespread distribution.

Eulemur mongoz was observed only at Ankarokaroka and did not show up at the other two sites, even after further 70 diurnal census hours (Table 2.4). The absence of *E. mongoz* individuals at Tsimaloto and Antsiloky was surprising because this species is relatively common around Ampijoroa (Albignac 1981, Harrington 1978, Sussman and Tattersall 1976, Tattersall and Sussman 1975). In addition, *E. mongoz* is normally found in the wet lowlands and thus the lack of records at Tsimaloto and Antsiloky is even more peculiar since these two sites were the most humid areas surveyed. It is very unlikely that the absence of *E. mongoz* is a result of sampling error because sampling time, as well as climatic conditions remained almost the same during the expedition. Furthermore, the species accumulation curve for lemurs including *E. mongoz* recorded during diurnal censuses at Ankarokaroka reached its plateau after only two hours of observation (Figure 1a). Thus, the number of hours spent censusing at Tsimaloto and Antsiloky was sufficient, and we think that the mongoose lemur could not have been detected in these two areas with more intensive sampling efforts.

Apart from being diurnal, mongoose lemurs studied at Ampijoroa were also found to be nocturnal (Tattersall and Sussmann 1975) and crepuscular (Albignac 1981). We did not put any particular effort into the night work for *E. mongoz* because this species does not have reflecting eyeshine and is therefore difficult to locate. The shift from diurnal to nocturnal activity, however, is reported to take place with the onset of the dry season sometime about June (Harrington 1978, Rasmussen personal communication). Our survey was undertaken in February and therefore diurnal activity was expected.

The absence of mongoose lemurs at Antsiloky in the RNI d'Ankarafantsika could reflect hunting pressures in this area. According to Tattersall (1976, 1983), *E. mongoz* is hunted for food, and lemur traps were found in a clearing along a small lake, as well as in the middle of the forest. At Tsimaloto no lemur traps were found and human impact seemed to be less.

In summary, the only plausible interpretation of these results is that the distribution of *E. mongoz* within the RNI d'Ankarafantsika is more patchy than originally thought. The RNI d'Ankarafantsika is the only protected area in Madagascar where the mongoose lemur naturally occurs. It is also found in the Comoros on the islands of Moheli and Anjouan, where it was almost certainly introduced by man. Thus, *E. mongoz* is placed in the *Vulnerable* category (Mittermeier et al. 1992) and the fact that the species was only found within a very small and totally degraded area in the forest of Ankarafantsika is even more alarming and reflects how endangered these lemurs actually are. Thus, it is clear that the RNI d'Ankarafantsika is very important for the conservation of this species. For long-term protection more information is needed on the ecology and behavior of mongoose lemurs, as well as on its natural habitat.

Brief biodiversity surveys, such as this RAP survey, in western dry forests of five to seven days duration at each camp site are sufficient for generating data on species richness. During our survey in the RNI d'Ankarafantsika, all species detected during diurnal census walks were found within only 2–4 hours of observation using only one team of observers. All nocturnal species were recorded within 2–7 hours. Rapid assessments of primate species in eastern rainforests produced similar results, although the number of species present is higher. In the Andringitra Reserve in central Madagascar, for example, all diurnal species were detected within 5–15 hours of observation and all nocturnal species were observed within 2–8 hours (Sterling and Ramaroson 1996). RAP surveys are appropriate for inventorying primate species richness within forest sites. However, we should remember that such short sampling periods are inadequate for density data of primate species because calculation methods recommend high numbers of observations that are unattainable in rapid surveys (Buckland et al. 1993, Whitesides et. al. 1988).

The composition of lemur species in the RNI d'Ankarafantsika clearly demonstrates the importance of this forested area within the network of protected areas of Madagascar. Some rare lemur species, especially *Avahi occidentalis*, *Propithecus verreauxi coquereli* and *Eulemur mongoz* occur in the Reserve. Protection of the RNI d'Ankarafantsika would require more effective guarding with sufficient equipment, development of alternatives to current agricultural practices, and programs designed to enable local human populations to maintain a decent standard of living without degrading the forest. In order to ensure the survival of lemur species, further research is needed to learn more about their ecology, behavior, habitat, geographic distribution, taxonomy, and conservation status.

Literature Cited

Albignac R. 1981. Lemurine social and territorial organisation in a north-western Malagasy forest (restricted area of Ampijoroa). In *Primate behavior and sociobiology* (eds. Chiarelli A.B. and Corruccini, R.S.), pp. 25–29. Springer Verlag, Berlin.

Bouliere F. 1985. Primate communities: their structure and role in tropical ecosystems. *International Journal of Primatology* 6:1–26.

Buckland S.T., Anderson D.R., Burnham K.P. and Laake J.L. 1993. *Distance sampling: estimating abundance of biological populations.* Chapman and Hall.

Ganzhorn J.U. 1988. Food partitioning among Malagasy primates. *Oecologia* 75: 436–450.

Ganzhorn J.U. 1992. Leaf chemistry and the biomass of folivorous primates in tropical forests: Test of a hypothesis. *Oecologia* 91:540–547.

Ganzhorn J.U. 1994. Les lémuriens. In *Inventaire Biologique: Forêt de Zombitse. Recherches pour le Development. Série Sciences Biologiques N. Special* (eds. Goodman S.M. and Langrand O.), pp 70–72. Antananarivo, Madagascar, Centre d'Information et de Documentation Scientifiques et Technique.

Ganzhorn J.U. 1995. Low-level forest disturbance effects on primary production, leaf chemsitry, and lemur populations. *Ecology* 76(7):2084–2096.

Goodman S.M. and Patterson B.D. 1997. *Natural change and human impact in Madagascar.* Smithsonian Institution Press, Washington.

Harcourt C. and Thornback, J. 1990. *Lemurs of Madagascar and the Comores.* The IUCN red data book. IUCN, Gland and Cambridge.

Harrington, J.E. 1978. Diurnal behavior of *Lemur mongoz* at Ampijoroa, Madagascar. *Folia Primatologica* 29:291–302.

Kappeler P.M. 1995. Life history variation among nocturnal prosimians. In *Creatures of the dark: The nocturnal Prosimians* (eds. Izard M.K., Alterman L. and Doyle G.A.), pp. Plenum Press, New York.

Martin R.D. 1972. A preliminary field-study of the lesser mouse lemur (*Microcebus murinus* J.F. Miller 1777). *Zeitschrift für Tierpsychologie Supplement* 9:43–89.

Mittermeier, R.A., Konstant W.R. , Nicoll M.E. and Langrand O. 1992. *Lemurs of Madagascar: An Action Plan for their Conservation. 1993–1999.* IUCN/SSC Primate Specialist Group. Gland, Switzerland.

Mittermeier, R.A., Tattersall I., Konstant W.R., Meyers D.M. and Mast R.B. 1994. *Lemurs of Madagascar.* Conservation International, Washington, DC.

Mutschler T. and Thalmann U. 1990. Sighting of *Avahi* (woolly lemur) in western Madagascar. *Primate Conservation,* 11:9–11.

Nicoll M.E. and Langrand O. 1989. *Madagascar: Revue de la Conservation et des Aires Protégées.* WWF, Gland.

Perret M. 1992. Environmental and social determinants of sexual function in the male lesser mouse lemur (*Microcebus murinus*). *Folia Primatologica* 59:1–25.

Petter J.J., Albignac R. and Rumpler Y. 1977. *Faune de Madagascar 44: Mammifères Lémuriens (Primates Prosimien).* OSTROM and CNRS, Paris.

Raxworthy C. J. and Rakotondraparany F. 1988. Mammals report. In *Manonogarivo Special Reserve (Madagascar), 1987/88 Expedition Report* (ed. Quansah N.). Madagascar Environmental Research Group, U.K.

Richard A.F. and Dewar R.E. 1991. Lemur ecology. *Annual Reviews of Ecology and Systematics* 22:395–406.

Schmid J. and Kappeler P. 1994. Sympatric mouse lemurs (*Microcebus* spp.) in Western Madagascar. *Folia Primatologica* 63:162–170.

Schmid J. and Smolker R. 1997. Lemurs in the Reserve Special d'Anjanaharibe-Sud. In *A floral and faunal inventory of the Reserve Special d'Anjanaharibe-Sud, Madagascar: with reference to elevational variation* (ed. Goodman S.M.). *Fieldiana Zoology.* Pp. 227–238.

Sterling E.J. and Ramaroson M.G. 1996. Rapid assessment of the primate fauna of the eastern slopes of the Reserve Naturelle d'Andringitra, Madagascar. In *A floral and faunal inventory of the Reserve Naturelle Integrale d'Andringitra, Madagascar: with reference to elevational variation* (ed. Goodman S.M.). *Fieldiana Zoology* 85: 293–305.

Sussman R.W. and Tattersall I. 1976. Cycles of activity, group composition and diet of *Lemur mongoz* Linnaeus 1766 in Madagascar. *Folia Primatologica* 26: 270–283.

Tattersall I. 1976. Group structure and activity rhythm in *Lemur mongoz* (Primates, Lemuriformes) on Anjouan and Mohéli Islands, Comoro Archipelago. *Anthropological Papers of the American Museum of Natural History* 53(4): 369–380.

Tattersall I. 1982. *The primates of Madagascar.* Columbia University Press, New York.

Tattersall I. 1983. Status of the Comoro lemurs: a reappraisal. *IUCN/SSC Primate Specialist Group Newsletter* 3: 24–26.

Tattersall I. 1993. Madagascar's lemurs. *Scientific American* January: 90–97.

Tattersall I. and Sussman R.W. 1975. Observations on the ecology and behavior of the mongoose lemur *Lemur mongoz mongoz* Linnaeus (Primates, Lemuriformes) at Ampijoroa, Madagascar. *Anthropological Papers of the American Museum of Natural History* 52(4): 195–216.

Warren R.D. 1994. Lazy leapers: a study of the locomotor ecology of two species of saltatory nocturnal lemur in sympatry at Ampijoroa, Madagascar. D.Phil. thesis, University of Liverpool.

Whitesides, G.H., J.F. Oates, S.M. Green and R.P. Kluberdanz. 1988. Estimating primate densities from transects in a West African rain forest: a comparison of techniques. *Journal of Animal Ecology* 57:345–367.

Zimmermann E., E. Cepok, N. Rakotoarison, V. Zietemann and U. Radespiel. 1998. Sympatric mouse lemurs in north-west Madagascar: a new rufous mouse lemur species (*Microcebus ravelobensis*). *Folia Primatologica.* 69: 104-114.

Chapitre 3

Evaluation Rapide de la Diversité Biologique des Micromammifères de la Réserve Naturelle Intégrale d'Ankarafantsika

Daniel Rakotondravony, Volomboahangy Randrianjafy et Steven M. Goodman

Resume

- 14 espèces de micromammifères ont été inventoriées lors de cette expédition, soit 7 espèces de rongeurs, 6 espèces d'insectivores et une espèce de chauve-souris. Trois de ces espèces sont introduites, dix autres sont endémiques à Madagascar, et la dernière (*Hipposideros commersoni*) est largement répandue en Afrique de l'Est.

- Une espèce d'insectivore, *Geogale aurita* est observée pour la première fois dans la réserve, ce qui constitue une extension de sa distribution.

- Le site d'Ankarokaroka, ouvert et dégradé, est moins riche en espèces endémiques que Tsimaloto (le plus intact) et Antsiloky (intermédiaire). A Ankarokaroka, 3 espèces sont introduites, alors que dans les deux autres sites, *Rattus rattus* est la seule espèce introduite.

- Les milieux humides de la réserve semblent plus riches en espèces que les milieux secs. Les milieux secs bien que moins riches sont importants pour certaines espèces de micromammifères. Citons en particulier, *Geogale aurita*, espèce typique des forêts sèches du sud, qui n'a été observée que dans la forêt caducifoliée sur plateau sec de sable blanc à Antsiloky. Les milieux très secs, ouverts ou récemment pénétrés par le feu semblent peu favorables à la faune des micromammifères endémiques.

Introduction

L'objectif de cet inventaire est de collecter des informations de base pour une évaluation rapide de la faune micromammalienne: rongeurs, insectivores, et chiroptères. L'inventaire proprement dit des micromammifères a commencé le 3 février par des prospections ou des reconnaissances des différents milieux.

Material et Methodes

Trois procédés ont été utilisés pour le recensement des micromammifères, à savoir: observations directes; captures, et collecte de crottes ou de pelotes de régurgitation des prédateurs. Les observations directes consistent à recenser les micromammifères rencontrés pendant les prospections diurnes et nocturnes. Les captures sont effectuées à l'aide de pièges-vivants, de *pitfalls* (trous-pièges), de filets ou à la main. La collecte de crottes et de pelotes de régurgitation consiste à déterminer de manière indirecte la présence des prédateurs par l'étude des restes d'animaux contenus dans les fèces des carnivores ou les pelotes de régurgitation des rapaces trouvés dans la forêt.

Deux types de pièges ont été utilisés au cours de ce travail : des pièges "Sherman" mesurant 9 x 3.5 x 3 pouces et des pièges "Tomahawk" mesurant 16 x 5 x 5 pouces. Les dispositifs de pièges-vivants et de trous-pièges suivent la méthode des transects. Les piège-vivants sont espacés de 10 m environ entre-eux sur la même ligne. Les pièges ont été placés à différents niveaux (sur le sol, sur les lianes, sur les troncs d'arbre mort, etc.). Un rapport de 4:1 a été accordé pour les types de piège (4 "Sherman" pour 1 "Tomahawk"), et le niveau d'emplacement par rapport au sol alterné (un piège sur le sol, puis le suivant en hauteur). Ces pièges ont été appâtés avec des bananes et du beurre d'arachide. Les appâts sont renouvelés tous les après-midi. Les visites des pièges s'effectuent tous les matins vers 5 heures et demi et lors du remplacement des appâts dans l'après-midi vers 16 heures 30.

Pour les trous-pièges, un transect de 100 m a été adopté avec 11 seaux en plastique de 15 litres espacés de 10 m entre eux, enterrés et ouverts à l'air libre. Ces seaux sont alignés par une gaine en plastique qui sert de barrière pour diriger les animaux vers les trous. Les trous-pièges ne sont pas appâtés et la visite s'effectue le matin et pendant le renouvellement des appâts des pièges-vivants dans l'après-midi. Cette méthode de recensement par trou-piège est partagée avec les herpétologues. Pour les deux types de piégeage, la durée du relevé est de 5 jours. Enfin, les filets sont tendus vers 17 h 30 jusqu'à 22 h 30 dans le but de capturer les chauve-souris, pendant une nuit à Ankarokaroka et Tsimaloto et deux nuits à Antsiloky.

Quelques spécimens de références—au maximum cinq par espèce—ont été collectés pour identification finale des espèces. La peau a été naturalisée grâce à la méthode taxidermique ou empaillage. Cette méthode consiste à bourrer l'intérieur de la peau de l'animal avec du coton pour avoir une forme proche de celle de l'animal vivant. Des fils de fer ont été utilisés pour maintenir la posture ainsi que des aiguilles et du fil à coudre pour refermer la peau. Le crâne et le squelette ont été conservés dans de l'alcool 70 degrés avant de les nettoyer au laboratoire. Quelques morceaux de tissus (cœur, rein, foie, muscle) ont été prélevés et conservés dans une solution d'EDTA pour études biochimiques et/ou cytogénétiques (afin de préciser la systématique et la phylogénie des espèces). Quelques animaux entiers ont été conservés dans une solution de formol à 10% après être emballés dans des toiles de gaze afin d'étudier plus tard les ectoo-parasites.

Milieux étudiés

Site 1: Ankarokaroka

Quatre lignes de piège-vivants et trois de *pitfall* ont été mises en place pour réaliser l'inventaire. La longueur totale du transect des pièges-vivants est de 1437m. Sept habitats ont été visités:

- fond de la vallée au nord du campement: transect 1, avec ligne de pièges et ligne de *pitfalls*;
- bas-fond au sud du campement: transect 2 avec ligne de pièges et ligne de *pitfalls*;
- plateau au-dessus de la falaise: transect 3 avec ligne de pièges et ligne de *pitfalls*;
- vallée à l'est du campement: transect 4, ligne de pièges seulement;
- plateau sommital, au-dessus de la falaise: prospecté seulement;
- pente au nord-est du campement: prospecté;
- suivant la piste de la charrette au sud du campement: prospecté, et filet à chauve-souris.

Habitat 1: fond de vallée à litière mince. Cette forêt située à 180 m au nord du campement a une canopée ouverte et présente deux strates (supérieure et inférieure) avec un sous-bois assez dense constitué de plantules, de jeunes arbres, et de plantes herbacées éparses. La litière est mince, d'environ 2 cm d'épaisseur. L'exposition au soleil est maximale à midi. Le sol est sableux à limoneux. Une partie du transect traverse un petit ruisseau et passe par une formation ouverte témoignant par sa composition floristique du passage du feu.

Habitat 2: bas-fond ensablé. Cette formation située au sud du campement sur un bas-fond au pied de la falaise est composée de grands arbres avec une canopée plus ou moins fermée. Le sol est nu dépourvu de litière et composé essentiellement de sable déposé après les crues (ensablement dû à l'érosion et au ravinement). L'exposition au soleil est maximale à midi. Le transect passe à côté d'un champ de culture.

Habitat 3: plateau sur sable blanc. Cette formation végétale est située à 330 m au sud-ouest du campement, sur un plateau de sable blanc avec une pente légère au-dessus de la falaise. La canopée est moyennement fermée. Le sous-bois est clair et composé de plantules. De nombreuses lianes sont présentes. La litière est mince. Le transect traverse trois petits ruisseaux.

Habitat 4: vallée à litière épaisse. Cette formation située à l'est du campement dans une vallée est caractérisée par la présence de grands arbres comme les tamariniers et les *Treculea*. La forêt est composée de deux strates avec un sous-bois clair et une canopée plus ou moins fermée avec présence d'émergents mais peu de lianes. La litière est épaisse sur un sol sablo-limoneux. Le transect traverse une petite rivière.

Site 2: Tsimaloto

Quatre lignes de pièges-vivants et trois de *pitfalls* ont été mises en place pour réaliser l'inventaire. La longueur totale du transect de pièges-vivants est de 1955 m. Huit (8) habitats ont été visités:

- au bord du lac (prospecté): faciès très humide dû à la proximité du lac;
- piste des primatologues (prospecté): formation humide sur fond de vallée;
- dans la vallée: formation très humide (transect 5 avec lignes de pièges et *pitfalls*);
- pente au nord-est: formation plus ou moins humide orientée vers l'ouest (transect 6 avec ligne de pièges et *pitfalls*);
- plateau sur sable blanc: forêt dense sèche (transect 7 avec ligne de pièges et *pitfalls*);
- formation xérophytique: formation sèche ouverte (transect 7 avec ligne de pièges, suite);
- pente à l'ouest du campement: formation plus ou moins humide, puis formation xérophytique (transect 8 avec ligne de pièges);
- piste, à l'ouest du campement, vers Ste Marie (prospecté): formation sèche.

Habitat 5: vallée très humide. Cet habitat est situé à l'est du campement dans une vallée suivant un cours d'eau ayant comme source le Lac Tsimaloto. Cette formation est caractérisée par une canopée plus ou moins fermée avec présence d'émergents et par la présence de grands arbres comme les tamariniers, *Treculea*, et autres grands arbres à feuillage persistant. Elle est composée de trois strates avec un sous-bois clair constitué de jeunes arbres. Les lianes sont peu nombreuses. La litière est épaisse sur un sol sablo-limoneux.

Habitat 6: versant humide. Cet habitat est situé à environ 200 m au nord-est du campement sur une pente moyenne, orientée vers l'ouest. La forêt présente deux strates (supérieure et inférieure) avec une canopée moyennement ouverte et un sous-bois assez dense, constitué de jeunes arbres et de plantes herbacées. L'exposition au soleil est maximale à midi. La litière est épaisse sur un sol sableux plus moins latéritique.

Habitat 7: plateau sec sur sable blanc. Cet habitat est situé à environ 1100 m à l'est du campement. Cette formation végétale du type sec caducifolié sur sable blanc est située sur un plateau au-dessus d'une pente abrupte comparable à une falaise. La forêt est caractérisée par une canopée ouverte, une litière mince, un sous-bois composé de plantes hélio-philes et de nombreuses lianes. Une partie du transect passe par une formation xérophytique.

Habitat 8: versant sec sur sable blanc. Cette formation située à l'ouest du campement sur pente assez abrupte est du type caducifolié sur sable blanc découpée par endroit par quelques groupes de végétaux xérophytiques. La canopée est ouverte, le sous-bois dense dans la formation caducifoliée et composé de jeunes arbres et de plantes herbacées. La présence de lianes est notable, et la litière mince. Une partie du transect passe par une formation xérophytique.

Site 3: Antsiloky

Quatre lignes de pièges-vivants et trois lignes de *pitfalls* ont été mises en place. La longueur totale du transect de pièges-vivants est de 1900 m. Six habitats ont été visités:

- vallée suivant la rivière Karambo (transect 9 avec ligne de pièges);
- pente au sud-ouest du campement (transect 10 avec ligne de pièges et *pitfalls*);
- plateau sommital (transect 11 avec ligne de pièges et *pitfalls*);
- formation xérophytique (transect 12 avec ligne de pièges et *pitfalls*);
- piste vers le Lac Antsiloky (prospecté) (habitat 13);
- piste sur pente au nord-est du campement (prospecté) (habitat 14).

Habitat 9: vallée très humide. Cette forêt est située au niveau du campement dans une vallée suivant un cours d'eau ayant comme source le Lac Antsiloky. Elle est composée de trois strates avec une canopée ouverte et un sous-bois clair constitué de jeunes arbres et de nombreux bambous et plantes herbacées. La formation végétale est très humide et carac-

térisée par la présence de grands arbres à feuillage persistant. Les lianes sont peu nombreuses. La litière est épaisse sur un sol sableux avec des alluvions.

Habitat 10: versant. La forêt est située à environ 50 m au sud-ouest du campement sur une pente moyenne orientée vers l'est. Elle présente deux strates (supérieure et inférieure) avec une canopée moyennement ouverte et un sous-bois dense, constitué de jeunes arbres et de plantes herbacées. La litière est épaisse sur un sol sableux, roux, plus ou moins laté-ritique et limoneux en bas de pente. L'exposition au soleil est maximale à midi. Des formations de régénération après passage de feu sont observées à côté de ce transect.

Habitat 11: plateau sec sur sable blanc. Cette forma-tion du type caducifolié sur plateau de sable blanc est située à l'ouest du campement. La canopée est ouverte, le sous-bois dense dans la formation caducifoliée et composé de jeunes arbres et de plantes herbacées. La présence de lianes est nota-ble, la litière peu épaisse.

Habitat 12: plateau très sec sur sable blanc. Cette for-mation est située à l'ouest du campement sur plateau de sable blanc légèrement incliné. Elle est du type xérophytique à l'intérieur, et caducifoliée en bordure. La canopée est ouverte et le sol nu, sans litière. Des indices de passage de feu y sont enregistrés.

Habitat 13: versant sec sur sable blanc. Cette formation du type caducifolié sur sable blanc est située au sud-est du campement sur une pente assez abrupte. Elle est découpée par endroit par des groupes de végétaux xérophytiques. La canopée est ouverte et la litière mince. Le sous-bois est dense dans la formation caducifoliée et composé de jeunes arbres et de plantes herbacées. La présence de lianes est notable. Une partie du transect passe par une formation xérophytique.

Habitat 14: vallée très humide. Cette forêt est situé au sud du campement dans une vallée suivant une piste menant vers le Lac Antsiloky. La forêt se compose de trois strates avec une canopée ouverte et un sous-bois dense composé de nom-breux jeunes arbres et plantes herbacées. Cette formation est très humide et caractérisée par la présence de grands arbres comme *Canarium madagascariense, Uapaca* sp., des tamarin-iers et d'autres grands arbres à feuillage persistant. Les lianes sont nombreuses, et la litière assez mince sur un sol sableux avec des alluvions.

Analyse

Pour l'échantillonnage par piégeage, l'abondance relative des espèces est évaluée selon le nombre d'individus capturés par nuit et par piège (rendement d'une nuit-piège ou RNP) ou par nuit et par seau de trou-piège (rendement d'une nuit-trou-piège ou RTP) ou par nuit et par filet de capture (rendement d'une nuit-filet). On exprime ce paramètre par le nombre d'individus observés par nuit durant les observations directes nocturnes.

La richesse spécifique du milieu, estimée par le nombre total d'espèces recensées, sera comparée à celle des recensements menés par Steve Goodman et son équipe dans les forêts sèches caducifoliées du sud-ouest de Madagascar à Isoky-Vohibasia et Zombitse (Goodman & Langrand 1994, Langrand & Goodman 1997).

Resultats et Discussions

Au cours de cette expédition, 72 spécimens de micromammifères ont été collectés, appartenant à 14 espèces (Annexe 3). Les rongeurs appartiennent à deux sous-familles de Muridae: Nesomyinae (*Eliurus* "*myoxinus*", *E. minor*, *E.* "sp. 1", *E.* "sp. 2", *Macrotarsomys ingens*) et Murinae (*Rattus rattus*, *Mus musculus*). La première est endémique à Madagascar, la deuxième est introduite. (Note: Une étude récente de toutes les grandes espèces d'*Eliurus* a conduit à la conclusion que le "*Eliurus* sp. 1" et le "*Eliurus* sp. 2" peuvent être référrés au *E. myoxinus* (Carleton et al. 2001). Les insectivores appartiennent à deux familles, Soricidae (*Suncus madagascariensis, S. murinus*) et Tenrecidae. Dans la deuxième famille, les sous-familles Tenrecinae (*Tenrec ecaudatus, Setifer setosus*), Oryzorictinae (*Microgale brevicaudata*) et Geogalinae (*Geogale aurita*) sont endémiques à Madagascar. Enfin, la chauve-souris, *Hipposideros commersoni,* non-endémique appartient à la famille des Rhinolophidae. Au total, 10 des 14 espèces sont endémiques à Madagascar, soit un taux d'endémicité de 76%.

Le rendement des pièges vivants (Sherman, Tomahawk) est plus grande à Ankarokaroka (RNP=1,4%) qu'à Tsimaloto (RNP=0,8%) et Antsiloky (RNP=0.2%). Le rendement des trous-pièges, à l'inverse, est plus grand à Tsimaloto (RTP=10,5%) qu'à Ankarokaroka (RTP=7,3%) et Antsiloky (RTP=5,4%).

Ankarokaroka
Un total de 23 animaux a été capturé dont 11 rongeurs et 12 insectivores. Neuf espèces sont représentées dont 4 sont des rongeurs et 5 des insectivores. Deux de ces rongeurs et quatre de ces insectivores sont endémiques à Madagascar. Au total, six espèces sur neuf sont donc endémiques, soit un taux d'endémicité de 67%.

Le bas-fond ensablé (habitat 2) et le fond de vallée à litière mince (habitat 1) sont les plus diversifiés avec six espèces (quatre rongeurs et deux insectivores) et cinq espèces (toutes insectivores) respectivement (Annexe 3). Le plateau sur sable blanc (habitat 3) et la vallée à litière épaisse (habitat 4) sont nettement moins riches en espèces avec deux et une seule espèce respectivement. Le bas-fond ensablé est une formation dégradée qui se situe à proximité d'une formation ouverte. Hors, *Eliurus minor* et *Mus musculus* présentes uniquement dans cet habitat à Ankarokaroka sont connues pour fréquenter les milieux ouverts. La richesse en insectivores du fond de vallée à litière mince semble, elle plutôt liée à la proximité de deux ruisselets, l'un d'eux traversant le transect.

La quatrième journée, précédée la veille par une forte pluie fut marquée par le maximum d'individus capturés.

Tsimaloto
Au total, 30 individus ont été capturés dont 12 rongeurs et 18 insectivores. Deux de ces insectivores se sont échappés. Parmi les 28 animaux restants, 22 ont été piégés et les 6 autres capturés à la main. Du point de vue richesse spécifique, dix espèces ont été rencontrées dont six rongeurs et quatre insectivores. Cinq de ces rongeurs et tous les insectivores sont endémiques à Madagascar. Au total, un taux d'endémicité de 90% est donc observé à Tsimaloto.

La vallée très humide le long du cours d'eau (habitat 5) est l'habitat le plus diversifié avec cinq espèces collectées, dont deux sont des rongeurs et trois des insectivores. En considérant les différents taxons d'*Eliurus* comme de vraies espèces (mais voir Carleton et al. 2001), la même richesse spécifique serait observée sur le versant humide (habitat 6), soit cinq espèces dont 4 rongeurs et un seul insectivore. Nous n'avons trouvé que des insectivores (trois espèces) sur le plateau sec sur sable blanc (habitat 7) et que des rongeurs (deux espèces dont *R. rattus*, l'unique espèce non-endémique à Tsimaloto) sur le versant sec sur sable blanc (habitat 8).

Antsiloky
Au total, 19 individus ont été recensés dont 6 sont des rongeurs, 10 des insectivores, et 3 des chiroptères. Parmi ces 19 animaux, 15 sont capturés et les autres observés seulement ou échappés. Hormis les chiroptères (capturés deux nuits successives), douze mammifères ont été piégés dont neuf sont des insectivores et trois des rongeurs capturés à la main. 9 espèces ont été rencontrées dont quatre rongeurs, quatre insectivores et un chiroptères. Sept de ces espèces sont endémiques à Madagascar, soit un taux d'endémisme de 78% pour Antsiloky.

Le versant (habitat 10) est l'habitat le plus riche en espèces de micromammifères, avec 5 espèces (trois rongeurs et deux insectivores), viennent ensuite le plateau sec sur sable blanc (habitat 11) avec trois espèces (toutes insectivores), la vallée très humide (habitat 14) avec trois espèces (deux rongeurs et un insectivores) et le versant sec sur sable blanc (habitat 13) avec deux rongeurs. Aucun animal n'a été capturé dans la vallée à bambous très humide (habitat 9) et sur le plateau très sec sur sable blanc (habitat 12) où la formation végétale se présente sous forme d'agrégats. Sur ce plateau, des restes de bois brûlés ont été trouvés par endroit, indiquant le passage du feu.

Geogale aurita se trouve seulement dans l'habitat 11 qui est situé sur un plateau de sable blanc.

Particularités
Six espèces sont communes aux trois sites: rongeurs: *Eliurus myoxinus, E. minor,* et *Rattus rattus*; insectivores: *Tenrec ecaudatus, Microgale brevicaudata,* et *Suncus madagascariensis.*

Trois espèces introduites sont présentes à Ankarokaroka, *Rattus rattus* et *Mus musculus* (rongeurs) et *Suncus murinus*, (insectivore), alors que dans les deux autres sites, *R. rattus* était la seule espèce introduite. Il semble que la différence d'abondance entre Ankarokaroka et Antsiloky provienne des espèces introduites qui sont plus nombreuses dans le premier site (7 individus sur 23 récoltés contre 2 individus sur 19 récoltés, dans le second site).

La présence de *Geogale aurita* attire l'attention, du moins car cette espèce est plutôt connue des forêts du sud et surtout du sud-ouest malgache. La découverte de son existence dans l'Ankarafantsika constitue une extension de sa répartition géographique.

Importance de l'endroit pour la Conservation et Recommandations

Il est important de conserver toutes les espèces micromammaliennes endémiques. Signalons que *Macrotarsomys ingens* (rongeurs, Nesomyinae) est strictement localisé dans le massif de l'Ankarafantsika. Mais cette espèce n'a pas été rencontrée à Ankarokaroka au cours de cette étude. Elle l'a cependant été dans des études antérieures (Rakotondravony 1992 non publié; Randrianjafy 1993). Il est donc probable que la destruction de l'habitat due à l'ensablement et à l'exploitation excessive du bois d'œuvre soit à l'origine de ce déclin local de l'espèce. Les espèces introduites commensales de l'homme et préférant le milieu ouvert sont les plus abondantes dans ce site.

De plus dans cette forêt nous donne envie de poursuivre les études sur les rongeurs concernant leur écologie et leur biologie. Quels sont leurs habitats préférés, quelle est leur répartition géographique respective, y-a-t-il une différence dans leur nourriture, et leurs mœurs, etc.?

Introduire le sujet de la conservation des rongeurs ou des micromammifères en général dans la mentalité des gens serait difficile, mais des actions tendant à une conservation intégrée du milieu naturel entier permettraient de les sauvegarder. Il est d'ailleurs intéressant d'étudier le rôle de ces rongeurs dans la régénération forestière par déplacement des graines, et l'on comprendra mieux le fonctionnement de l'écosystème, et proposer un meilleur programme de conservation intégrée. Ceci est valable pour tout autre élément de l'écosystème.

D'après les résultats de capture au cours de la présente étude et nos recherches personnelles antérieures, ainsi que les informations trouvées dans la bibliographie, *Tenrec ecaudatus* est fortement recherché par les paysans pour sa chair. Cette espèce mérite d'être protégée par un programme de développement durable, face à une pression humaine considérable et croissante. En effet, ce tenrec est très important pour les paysans tant comme supplément alimentaire que comme source de revenu. Pour diminuer les pressions sur cet animal, les solutions suivantes pourraient être envisagées: domestiquer l'espèce, limiter sa consommation et conscientiser les paysans sur l'effet du braconnage. Il semble que l'élevage du tenrec soit réalisable à Ankarafantsika, d'autant plus que certains paysans ont déjà essayé de l'élever en captivité dans le but de l'engraisser pour la consommation.

Conclusion

Cette expédition dans la forêt de l'Ankarafantsika nous a permis :

* d'évaluer de manière scientifique la richesse biologique tant floristique que faunistique du milieu, et contribuer à la délimitation de la zone de protection et de suivi écologique;
* d'enrichir les connaissances scientifiques sur la région;
* d'élaborer un plan d'aménagement de la réserve et de conservation des espèces.

References Citees

Carleton, M. D., Goodman, S. M., et Rakotondravony, D. 2001. A new species of tufted-tailed rat, genus *Eliurus* (Muridae: Nesomyinae), from western Madagascar, with notes on the distribution of *E. myoxinus*. Proceedings of the Biological Society of Washington. 114(4): 972–987.

Goodman, S. et Langrand, O. 1994. Inventaire biologique. Forêt de Zombitse. *In: Recherche pour le Développement, Série Sciences Biologiques, Numéro Spécial.* Antananarivo. Ministère de la Recherche Scientifique. 106 p.

Langrand, O. et Goodman, S.M. 1997. Inventaire biologique. Forêt de Vohibasia et d'Isoky-Vohimena. *In: Recherche pour le Développement, Série Sciences Biologiques, 12.* Antananarivo. Ministère de la Recherche Scientifique. 197 p.

Rakotondravony, D. 1992. Etude d'impact d'un projet de traversée de la Réserve d'Ankarafantsika par une ligne électrique à haute tension. Antananarivo, JIRAMA/CNRE/ UNIVERSITE D'ANTANANARIVO, Rapport non publié.

Randrianjafy, V. 1993. Contribution à l'étude des micromammifères de la forêt d'Ankarafantsika. Antananarivo, Faculté des Sciences. Mémoire de DEA de SBA.

Chapitre 4

Evaluation Ornithologique Rapide de la Réserve Naturelle Intégrale d'Ankarafantsika

Thomas S. Schulenberg and Harison Randrianasolo

Resume

- 69 espèces d'oiseaux ont été répertoriées dans trois sites d'étude de la Réserve Naturelle Intégrale (RNI) d'Ankarafantsika; trois de ces espèces n'avaient jamais été répertoriées dans la réserve auparavant. Ces espèces sont *Accipiter henstii*, *Falco concolor* et *Coturnix delegorguei*.

- Le nombre d'espèces d'oiseaux répertorié dans les trois sites était similaire. Cependant, les forêts contenaient davantage d'espèces que les autres habitats. Parmi les forêts, la forêt ripicole était plus riche en espèce que la forêt sclérophylle.

- Huit espèces d'oiseaux sont restreintes à la forêt ripicole (*Dryolimnas cuvieri*, *Treron australis*, *Ispidina madagascariensis*, *Leptosomus discolor*, *Philepitta schlegeli*, *Nectarinia notata*, *Tylas eduardi*, et *Zosterops maderaspatana*) et cinq espèces semblent être largement restreintes à la forêt sclérophylle (*Mesitornis variegata*, *Coua coquereli*, *Ninox superciliaris*, *Upupa epops*, et *Xenopirostris damii*).

- Quatre espèces d'oiseaux répertoriées pendant l'évaluation sont d'une extrême importance pour la conservation: un juvénile d'*Haliaeetus vociferoides*, l'un des oiseaux de proie les plus rares au monde a été observé; *Mesitornis variegata*, une espèce endémique observée uniquement dans deux autres endroits; semble être présent à une densité relativement forte dans la réserve, en particulier dans la forêt sclérophylle; *Philepitta schlegeli*, jusque là observé dans des sites éparpillés de l'ouest et du nord-ouest de Madagascar, a été identifié à plusieurs reprises dans les forêts ripicoles sur les trois sites, bien qu'en petit nombre; et *Xenopirostris damii*, répertorié dans deux sites à Madagascar, était rare et n'a été observé qu'au site d'Antsiloky. Ces espèces étaient pratiquement absentes dans le site fortement perturbé d'Ankarokaroka.

Introduction

Les forêts de la région du Plateau d'Ankarafantsika sont parmi les plus larges forêts restantes de l'ouest de Madagascar et ne serait-ce que pour cela, elles sont d'une importance considérable pour la conservation. Ces forêts sont particulièrement intéressantes pour la préservation de l'avifaune menacée de Madagascar depuis la redécouverte, à la fin des années 20 (Lavauden 1932), de *Mesitornis variegata* (mesite à poitrine blanche) et de *Xenopirostris damii* (le vanga de Van Dam). Ces deux espèces étaient alors pratiquement inconnues et restent encore peu connues et rares de nos jours (Collar et Stuart 1985, Collar et al. 1994).

Ces dernières années, la Station Forestière (SF) d'Ampijoroa a été relativement bien étudiée par les biologistes. Ampijoroa a également reçu des visites fréquentes d'amateurs d'oiseaux et autres écotouristes (ex: Langrand 1990 et Mittermeier et al. 1994), en partie à cause de la présence de ces espèces d'oiseaux rares. Malgré cette activité récente, la plupart des observations de la région d'Ankarafantsika se sont limitées aux alentours de la SF d'Ampijoroa; la répartition de la faune et de la flore dans la RNI d'Ankarafantsika est restée pratiquement inconnue. Par ailleurs, la forêt d'Ampijoroa elle-même est diverse et certaines espèces rares d'oiseaux répertoriées à Ampijoroa, y compris *Philepitta schlegeli* (l'asity de Schlegel) et *Xenopirostris damii*, sont très restreintes aux forêts de la station forestière (Collar et Stuart 1985, obs. pers.)

Pour combler le manque d'information sur la biote des forêts d'Ankarafantsika, mises à part celle d'Ampijoroa, des études de l'avifaune ont été effectuées par Thomas Schulenberg et Harison Randrianasolo à Ankarafantsika en février 1997, dans le cadre de l'évaluation biologique rapide (RAP). Trois sites ont été choisi pour constituer un transect global à travers les forêts d'Ankarafantsika. Les trois sites, et leurs dates d'étude sont: Ankarokaroka, à environ 5 km au sud-ouest de la station forestière d'Ampijoroa (3–9 février); le lac Tsimaloto dans la partie sud-est de la RNI d'Ankarafantsika (11–17 février); et la rivière Karambao, juste au-dessous du lac Antsiloky (19–24 février). Nous avons largement parcouru les zones aux alentours des sites de campement et nous sommes efforcés de visiter tous les habitats présent dans chaque site, bien que nos efforts aient été concentrés sur les forêts. Les habitats que nous avons déterminés comme étant importants pour les oiseaux étaient les habitats aquatiques, tels que les rivières, les lacs et les cours d'eau (principalement à Tsimaloto et Antsiloky); la savane; le fourré sclérophylle; la forêt sclérophylle; la forêt humide ou ripicole; et la lisière forestière. Certaines zones ont un caractère intermédiaire entre le fourré sclérophylle et la forêt sclérophylle, ou entre la forêt sclérophylle et la forêt ripicole. Les forêts d'Ankarokaroka montrent des niveaux élevés de perturbation dues à la divagation de bétail, la coupe d'arbres et la sédimentation causée par les *lavaka*.

Dans tous les sites, les oiseaux ont été répertoriés par observation à l'aide de jumelles et enregistrement sonore à l'aide magnétophones et de microphones directionnels. Nous avons répertoriés la présence d'autant d'espèces que possible par enregistrement: les enregistrements effectués par Schulenberg sont archivés à la Bibliothèque des Sons Naturels, au Laboratoire d'Ornithologie de Cornell, Ithaca, New York. Des comptages de points ont été effectués dans chaque site afin de compléter les évaluations de l'abondance relative de chaque espèce d'oiseau déterminée par les observations générales. Les comptages ont été faits entre le lever du soleil et trois heures après son coucher. Six points de recensement à 200 m d'intervalles étaient parcouru le matin pour une durée de 15 minutes par point.

Resultats

Un total de 69 espèces d'oiseaux ont été répertoriées dans les trois sites pendant l'évaluation rapide (Annexe 4). Plusieurs de ces espèces (*Accipiter henstii*, *Falco concolor*, *Coturnix delegorguei*) ont été répertoriées pour la première fois à Ankarafantsika (basé sur la liste des sites d'Ampijoroa publiée par Nicoll et Langrand 1989 et Langrand 1990). *Accipiter henstii* est largement réparti dans les habitats forestiers de Madagascar et sa présence à Ankarafantsika n'est pas surprenante. *Falco concolor* est une espèce visiteuse qui ne se reproduit pas à Madagascar; largement répartie, sa présence à Ankarafantsika n'est pas surprenante non plus. *Coturnix delegorguei* a une répartition assez fragmentée à trav-

ers l'ouest malgache mais a été auparavant répertoriée près d'Ankarafantsika (Langrand et Appert 1995).

Le nombre d'espèces d'oiseaux répertoriées dans les trois sites est similaire: 58 espèces à Ankarokaroka, 56 à Tsimaloto et 54 à Antsiloky. Comme il fallait s'y attendre, les forêts contenaient un plus grand nombre d'espèces que les autres habitats. Le nombre d'espèces associées à la forêt était similaire dans les trois sites: 39 espèces forestières à Ankarokaroka, 35 à Tsimaloto et 38 à Antsiloky (Annexe 4). Les forêts ripicoles, avec un total de 34 espèces, étaient légèrement plus diverses que les forêts sclérophylles (31 espèces). Les espèces uniquement répertoriées dans la forêt ripicole pendant l'évaluation étaient *Dryolimnas cuvieri*, *Treron australis*, *Ispidina madagascariensis*, *Leptosomus discolor*, *Philepitta schlegeli*, *Nectarinia notata*, *Tylas eduardi*, et *Zosterops maderaspatana*. Les espèces entièrement ou largement restreintes à la forêt sclérophylle étaient *Mesitornis variegata*, *Coua coquereli*, *Ninox superciliaris*, *Upupa epops*, et *Xenopirostris damii*.

La plupart des oiseaux d'Ankarafantsika, y compris les espèces forestières, sont en fait largement présentes à Madagascar. Plusieurs espèces importantes pour la conservation ont toutefois été répertoriées pendant l'étude et font l'objet de la discussion plus détaillée qui suit.

Au moins 40 espèces d'oiseaux ont été répertoriées à Ampijoroa (Nicoll et Langrand 1989, Langrand 1990) n'ont été répertoriées dans aucun des sites d'études (Tableau 4.1.); toutefois 7 de ces espèces ont été détectées dans la région d'Ankarafantsika pendant la période d'étude; en particulier aux périodes pendant lesquelles l'équipe d'évaluation rapide transitait d'un site à l'autre. Le majorité (23) des espèces décrites à Ampijoroa mais n'ayant pas été détectées par l'équipe d'évaluation rapide sont les espèces aquatiques vivant sur le lac et associées aux marécages d'Ampijoroa; l'absence, ou la grande rareté, de ces espèces ailleurs dans la région (y compris au lac Tsimaloto où il n'y a pas de marécage) reflète le manque d'habitat approprié (excepté en Ampijoroa).

Deux autres espèces, répertoriées à Ampijoroa auparavant et n'ayant pas été relevées pendant l'évaluation rapide, nécessitent une plus ample discussion. *Neomixis striatigula* a été décrit pas Langrand (1990) (mais pas Nicoll et Langrand 1989). Il existe deux populations de *Neomixis striatigula* à Madagascar, l'une habite la bande de forêt humide du nord et de l'est du pays et l'autre dans le bush d'épineux et les forêts sèches adjacentes du sud de Madagascar. Il n'existe pas de répertoriation certaine de cette espèce dans l'ouest malgache entre la Tsiribihina à 450 km au sud-ouest d'Ankarafantsika (Morris et Hawkins 1998) et Manongarivo, à 300 km au nord-est. Le fait d'avoir inclus cette espèce dans une liste se rapportant à Ampijoroa (Langrand 1990:44) peut être dû à une erreur d'identification ou une erreur typographique. Cette dernière semble assez possible car la carte de répartition de l'espèce (Langrand, 1990: 335) n'inclut pas la zone autour d'Ankarafantsika.

Calicalicus madagascariensis a été décrit par Nicoll et Langrand (1989) et Langrand (1990). Typiquement, *Calicalicus* est une espèce très vocale qu'il serait difficile de ne pas remarquer si elle est présente; cependant elle n'a pas été détectée pendant l'évaluation rapide ni à Ampijoroa lors des études antérieures faites par l'auteur principal, ni par

....

Tableau 4.1. Espèces d'oiseaux auparavant répertoriées à la Station Forestière d'Ampijoroa (Nicoll et Langrand 1989, Langrand 1990) mais n'ayant pas été répertoriées aux trois sites étudiés lors du programme d'évaluation rapide de 1997 à la Réserve Naturelle Intégrale d'Ankarafantsika. Les espèces dont les noms sont entre parenthèses n'ont pas été répertoriées dans les trois sites mais ont été vues dans la région d'Ankarafantsika pendant le RAP, en général pendant les périodes de transition d'un site à l'autre.

Espèces d'oiseaux	Type d'habitat
Tachybaptus ruficollis	Aquatique
Tachybaptus pelzelnii	Aquatique
Phalacrocorax africanus	Aquatique
[*Ardeola ralloides*]	Aquatique
Ardeola idae	Aquatique
[*Bubulcus ibis*]	Pâturages, champs
[*Butorides striatus*]	Aquatique
[*Egretta ardesiaca*]	Aquatique
Egretta dimorpha	Aquatique
[*Casmerodius albus*]	Aquatique
Ardea purpurea	Aquatique
Ardea humbloti	Aquatique
Anastomus lamelligerus	Aquatique
Platalea alba	Aquatique
[*Sarkidiornis melanotos*]	Aquatique
Avicida madagascariensis	Forêt
Accipiter madagascariensis	Forêt
Machaeramphus alcinus	Forêt (près des colonies de chauve-souris)
Porzana pusilla	Aquatique
Gallinula chloropus	Aquatique
Porphyrula alleni	Aquatique
Actophilornus albinucha	Aquatique
Rostratula benghalensis	Aquatique
Himantopus himantopus	Aquatique
Charadrius pecuarius	Aquatique
Charadrius tricollaris	Aquatique
Charadrius marginatus	Aquatique
Tringa nebularia	Aquatique
Actitis hypoleucos	Aquatique
Larus cirrocephalus	Aquatique
Sterna caspia	Aquatique
Coracopsis vasa	Forêt
Zoonavena grandidieri	Au-dessus ou près de la forêt
Apus barbatus	Au-dessus
Motacilla flaviventris	Habitats ouverts à proximité d'eau
Saxicola torquata	Savane, lisière forestière
Acrocephalus newtoni	Aquatique
[*Corvus albus*]	Savane, lisière forestière, villages

....

Frank Hawkins (comm. pers.) au cours de près de 16 mois de travail dans la région. L'absence, ou la grande rareté, de *Calicalicus madagascariensis* à Ankarafantsika est toutefois assez surprenante car cette espèce est largement présente dans tout Madagascar dans divers habitats forestiers.

Rapport par espèce

Haliaeetus vociferoides (Aigle pecheur de Madagascar)

Un jeune *Haliaeetus* solitaire fut répertorié presque tous les jours durant notre séjour à Tsimaloto, le long du cours d'eau qui draine l'extrémité sud du lac. C'est l'un des oiseaux de proie les plus rares au monde (Watson et al. 1993), considéré comme fortement en danger (Collar et. al. 1994) et largement confiné à l'ouest et nord de Madagascar. Le lac d'Ampijoroa a longtemps été un site de reproduction d'un couple d'aigles serpentaires; le seul autre site connu à Ankarafantsika est le lac Tsimaloto où Rabedonasoa (1997) a rapporté la présence d'un nid. Nous n'avons pas vu ce nid, ni aucun aigle serpentaire adulte. Nous ne pouvons pas affirmer que ce jeune oiseau vient du nid de Tsimaloto ou d'Ampijoroa, et il n'y a pas suffisamment de preuves pour déterminer la fréquence à laquelle *Haliaeetus* pourrait se reproduire à Tsimaloto.

Mesitornis variegata (Méste varié)

Aussi récemment que la mi-1980, cette espèce n'était connue qu'à Ankarafantsika (Collar et Stuart 1985). Actuellement, elle est aussi connue dans quatre sites dans l'ouest de Madagascar (Hawkins 1994), et a récemment été signalée à Ambotavaky dans une forêt humide de l'est (Thompson et Evans 1992)—ce qui est anormal. Trois des quatre sites de l'ouest dans lesquels cette espèce a été répertoriée sont des aires protégées (les réserves d'Ankarafantsika, la réserve spéciale d'Analamera, et la réserve spéciale d'Ankarana), mais l'on pense que les populations de *Mesitornis* d'Analamera et Ankarana sont des reliques de faible taille (Hawkins 1994), ce qui appuie leur classification en tant que «vulnérables» (Collar et al. 1994). Les forêts d'Ankarafantsika sont donc parmi les deux sites les plus importants pour cette espèce et contiennent la seule population importante de l'espèce dans une aire protégée.

Il est donc encourageant d'avoir trouvé cette espèce dans les trois sites étudiés à Ankarafantsika. Des couples ou groupes ont été observés dans divers types de forêt. Bien que certaines paires aient été observées dans les forêts ripicoles de Tsimaloto ou dans la forêt dégradée d'Ankarokaroka, *Mesitornis* était le plus abondante dans la forêt sclérophylle. Nous l'avons trouvée presque régulièrement dans la forêt sclérophylle avec un canopée fermé, d'abondantes lianes mais peu d'herbacées. La forêt sclérophylle avec un canopée plus ouvert, ou un sous-bois plus dense, semble être pauvre en *Mesitornis*. *Mesitornis* avait une répartition assez fragmentée et était absente de plusieurs zones forestières. Cette absence apparente a été déterminée par le manque de réponse aux enregistrements en play-back; une méthode similaire utilisant un son en play-back s'est avéré très efficace pour détecter cette espèce (Hawkins 1994). Par exemple, le 22 février, sur un transect de plus d'un kilomètre de la limite d'une zone de savane au sud du campement d'Antsiloky à travers la forêt sclérophylle sur sol sableux et jusque dans la forêt humide plus élevée du bassin de la rivière Karambao, le long duquel nous avons passer des voix de *Mesitornis* tous les 200 m, une seule réponse positive a été obtenue (dans la forêt sclérophylle mais à la limite de la savane). Par contre, deux groupes de *Mesitornis* ont été identifiés à l'aide de la même technique de play-back, sur un transect de seulement 300 m dans une forêt sclérophylle élevée sur sol sableux sur un plateau à l'ouest du campement d'Antsiloky.

Notre étude était beaucoup trop brève pour permettre une étude de la population de *Mesitornis variegata* dans la réserve d'Ankarafantsika. Nous sommes confiants, d'après nos résultats, que l'espèce est largement répartie à travers le plateau d'Ankarafantsika. Nos propres observation à Ankarafantsika appuient les déterminations faites par Hawkins (1994) à Ampijoroa que les densités sont maximales en canopée fermé, dans la forêt sclérophylle sur sable et ensuite dans les forêts ripicoles (fonds de vallée). Par contre, la fragmentation locale de la répartition de l'espèce suggère que sa population totale à Ankarafantsika pourrait être plus proche du minima que du maxima estimé par Hawkins (1994) à partir des densités déterminées à Ampijoroa.

Philepitta schlegeli

Philepitta schlegeli ne vit que dans le nord-ouest et l'ouest de Madagascar, où il n'a été observé que dans des sites dispersés dont Ampijoroa. L'espèce est considérée comme «presque menacée» (Collar et al. 1994). Nous en avons répertorié un petit nombre dans la forêt humide ripicole dans chacun des trois sites. *Philepitta schlegeli* est donc probablement présent à Ankarafantsika dans tous les habitats appropriés, bien que de tels habitats soient plutôt limités dans cette région.

Xenopirostris damii

Xenopirostris damii est une espèce extrêmement pauvre qui n'a été répertoriée, au cours du siècle, que dans deux sites, la SF d'Ampijoroa (Jardin Botanique A) et la RS d'Analamera (Collar et Stuart 1985, Hawkins et al. 1990). Nous avons été surpris de n'avoir répertorié ce vanga qu'à un site, celui d'Antsiloky, où il était même rare. Nous avons trouvé *Xenopirostris damii* dans le même habitat (forêt sclérophylle sur sable à canopée fermé) où *Mesitornis variegata* était le plus dense, et pourtant nous avons répertorié presque deux fois moins de *Xenopirostris damii* (normalement en groupes de 3 ou 4) que de mésites le long des mêmes transects.

Recommandations pour la Conservation

Le résultat le plus surprenant, et le plus étrange, de notre brève étude dans la région d'Ankarafantsika est peut-être la rareté apparente de forêt sclérophylle sur sable à canopée fermé. C'est un habitat primaire important pour une espèce menacée d'importance mondiale, le *Mesitornis variegata*, et peut-être le seul habitat pour un autre oiseau, encore plus rare, le *Xenopirostris damii*. La seule forêt de ce type que nous avons rencontrée se trouve près d'Antsiloky et pour *Xenopirostris damii* au moins, cette forêt suit celle du Jardin Botanique A d'Ampijoroa de par son importance. Il sera utile, pour la gestion à long terme de *Mesitornis* et *Xenopirostris*, de déterminer la superficie de ce type de forêt à Ankarafantsika, et assurer que ces forêts reçoivent une protection maximale. A Antsiloky, par exemple, nous avons trouvé des superficies assez grandes de telles forêts qui avaient été brûlées. Si ces feux sont le résultat (intentionnel ou non) de l'activité humaine, alors il faudrait prendre des mesures pour restreindre une telle activité dans ces zones. Si le fourré sclérophylle est une formation végétale naturelle, alors il n'y a pas grand-chose à faire; mais si ces fourrés représentent en fait des zones autrefois couvertes de forêt sclérophylle à canopée fermé mais sont devenus dégradés (par les troupeaux de bétail en pâturage?) alors des efforts devraient être entrepris pour restaurer cet habitat. Une fois que la superficie de forêt sclérophylle à canopée fermé d'Ankarafantsika aura été déterminée, toutes ces forêts devraient être étudiées pour identifier la présence de *Xenopirostris damii*, et si possible, pour effectuer un recensement de cette espèce. Comme cette espèce semble avoir une répartition très limitée aux forêts d'Ankarafantsika, et qu'elle n'a été décrite (au cours de ce siècle) que dans un seul site, son statut pour la conservation pourrait être beaucoup plus précaire qu'il n'a été reconnu auparavant.

Les forêts humides ripicoles plus élevés sont d'une importance secondaire pour *Mesitornis variegata* et sont le principal habitat de *Philepitta schlegeli*; la diversité des espèces d'oiseaux est en général le plus élevé dans ces forêts. Des intrusions humaines dans la réserve ont lieu au nord du bassin de la Karambao, et pourraient constituer une menace importante pour l'intégrité de ces forêts si elles ne sont pas contrôlées.

Une autre espèce menacée d'importance mondiale, *Anas bernieri* a été répertoriée près de Mahajanga, et dans les marécages entre Marovoay et Ampijoroa, mais, à notre connaissance, n'a pas été répertoriée dans la SF d'Ampijoroa ou dans la RNI d'Ankarafantsika. Cette espèce est classée "en danger" (Collar et al. 1994). Etant donné le niveau très faible de protection des habitats aquatiques en général à Madagascar (Langrand et Wilmé 1993), et la possibilité qu'une population d'*Anas bernieri* puisse exister dans le bassin inférieur de la Betsiboka, tout plan de développement régional devrait chercher à maximiser les habitats disponibles pour les oiseaux aquatiques de la région, et minimiser les menaces qui pèsent sur ces espèces.

References Citees

Cibois, A., B. Slikas, T. S. Schulenberg, and E. Pasquet. 2001. An endemic radiation of Malagasy songbirds is revealed by mitochondrial DNA sequence data. Evolution 55: 1198–1206.

Collar, N. J., and S. N. Stuart. 1985. *Threatened birds of Africa and related islands.* The ICBP/IUCN red data book, part 1. Cambridge, United Kingdom: International Council for Bird Preservation and International Union for Conservation of Nature and Natural Resources.

Collar, N. J., M. J. Crosby, and A. J. Stattersfield. 1994. *Birds to watch 2. The world list of threatened birds.* Cambridge, United Kingdom: BirdLife International.

Hawkins, A. F. A. 1994. Conservation status and regional population estimates of the White-breasted Mesite *Mesitornis variegata*, a rare Malagasy endemic. Bird Conservation International 4: 279–303.

Hawkins, A. F. A., P. Chapman, J. U. Ganzhorn, Q. M. C. Bloxam, S. C. Barlow, and S. J. Tonge. 1990. Vertebrate conservation in Ankarana Special Reserve, northern Madagascar. Biological Conservation 54: 83–110.

Langrand, O. 1990. *Guide to the birds of Madagascar.* New Haven: Yale University Press.

Langrand, O., and O. Appert. 1995. Harlequin Quail *Coturnix delegorguei* and Common Quail *Coturnix coturnix* on Madagascar: occasional migrants or resident species? Ostrich 66: 150–154.

Langrand, O., and L. Wilmé. 1993. Protection des zones humides et conservation des espèces d'oiseaux endémiques de Madagascar. *In:* Wilson, R. T. (editor), *Proceedings of the Eighth Pan-African Ornithological Congress.* Annales Musée Royal de l'Afrique Centrale (Zoologie) 268. Pp. 201–208.

Lavauden, M. L. 1932. Étude d'une petite collection d'oiseaux de Madagascar. Bulletin du Muséum National d'Histoire Naturelle, Second Série, 4: 629–640.

Mittermeier, R. A., I. Tattersall, W. R. Konstant, D. M. Meyers, and R. B. Mast. 1994. *Lemurs of Madagascar.* Washington, DC: Conservation International.

Morris, P., and F. Hawkins. 1998. *Birds of Madagascar: a photographic guide.* New Haven, Connecticut: Yale University Press.

Nicoll, M. E., and O. Langrand. 1989. *Madagascar: revue de la conservation et des aires protégées.* Gland, Switzerland: World Wide Fund for Nature.

Rabedonasoa, N. 1997. Note sur le Pygargue de Madagascar (*Haliaeetus vociferoides*) dans la région de l'Ankarafantsika. Working Group on Birds in the Madagascar Region Newsletter 7 (1): 18.

Rasmussen, P. C., T. S. Schulenberg, A. F. A Hawkins, and V. Raminoarisoa. 2000. Geographic variation in the Malagasy Scops Owl (*Otus rutilus* auct.), and the existence of an unrecognized species. Bulletin of the British Ornithologists' Club 120: 75–102.

Thompson, P. M., and M. I. Evans. 1992. The threatened birds of Ambatovaky Special Reserve, Madagascar. Bird Conservation International 2: 221–237.

Watson, R. T., J. Berkelman, R. Lewis, and S. Razafindramanana. 1993. Conservation studies on the Madagascar Fish Eagle *Haliaeetus vociferoides*. *In:* Wilson, R. T. (editor), *Proceedings of the 8th Pan-African Ornithological Congress.* Annales Musée Royal de l'Afrique Centrale (Zoologie) 268. Pp. 192–196.

Chapter 4

A Rapid Ornithological Assessment of the Réserve Naturelle Intégrale d'Ankarafantsika

Thomas S. Schulenberg and Harison Randrianasolo

Abstract

- 69 bird species were recorded at the three sites surveyed in the Réserve Naturelle Intégrale d'Ankarafantsika, including three never recorded before from the Reserve, namely *Accipiter henstii*, *Falco concolor* and *Coturnix delegorguei*.

- The number of bird species recorded at the three sites was similar. Forests, however, contained more species than the other habitats. Among forests, riverine forest was slightly more speciose than xerophytic forest.

- Eight bird species are restricted to riverine forest (*Dryolimnas cuvieri*, *Treron australis*, *Ispidina madagascariensis*, *Leptosomus discolor*, *Philepitta schlegeli*, *Nectarinia notata*, *Tylas eduardi*, and *Zosterops maderaspatana*) and five species seem to be largely restricted to xerophytic forest (*Mesitornis variegata*, *Coua coquereli*, *Ninox superciliaris*, *Upupa epops*, and *Xenopirostris damii*).

- Four bird species recorded during the survey are of utmost importance to conservation: a juvenile of *Haliaeetus vociferoides*, one of the rarest birds of prey in the world was observed; *Mesitornis variegata*, a local endemic known only from two other locations, seem to live in relatively high densities in the Réserve, especially in xerophytic forest; *Philepitta schlegeli*, found only from scattered localities in northwestern and western Madagascar, often was found in riverine forest at all three sites although in small numbers; and *Xenopirostris damii*, recorded only from two localities in Madagascar was rare and found only at the Antsiloky site. These species were virtually absent from the heavily disturbed site of Ankarokaroka.

Introduction

The forests of the Ankarafantsika Plateau region are one of the largest remaining expanses of woodlands in western Madagascar and are of considerable conservation importance from that standpoint alone. These forests have been of particular interest to the preservation of Madagascar's threatened avifauna following the rediscovery there, in the late 1920s (Lavauden 1932), of *Mesitornis variegata* (White-breasted Mesite) and *Xenopirostris damii* (Van Dam's Vanga). Both species were all but unknown then, and remain quite rare and poorly known even now (Collar and Stuart 1985, Collar et al. 1994).

In recent years, the Station Forestière Ampijoroa has been relatively well studied by biologists. Ampijoroa also has been visited frequently by birdwatchers and other ecotourists (e.g., Langrand 1990, Mittermeier *et al.* 1994), in part due to the presence here of both of these rare bird species. Despite this recent activity, however, almost all recent observations in the Ankarafantsika area have been confined to the immediate vicinity of the forestry station itself at Ampijoroa; the distribution of flora and fauna within the Réserve Naturelle Intégrale d'Ankarafantsika has remained all but unknown. Furthermore, the forest at Ampijoroa itself is diverse, and some of the rarest bird species recorded at Ampijoroa, including *Philepitta schlegeli* (Schlegel's Asity) and *Xenopirostris damii*, are very locally distributed within the forests at the forestry station (Collar and Stuart 1985, pers. obs.).

To address the lack of information about the biota of Ankarafantsika forests, other than at Ampijoroa, surveys of the avifauna were conducted by Thomas Schulenberg and Harison Randrianasolo in the Ankarafantsika area during February 1997 as part of the RAP survey. Three sites were chosen to form a coarse transect across the Ankarafantsika forests. The three sites, with their dates of study were: Ankarokaroka, about 5 km southwest of the forestry station at Ampijoroa (3–9 February); Lake Tsimaloto, in the southeastern portion of the Réserve Naturelle Intégrale d'Ankarafantsika (11–17 February); and on the Karambao River, just below Lake Antsiloky (19–24 February). We ranged widely from each camp site, and attempted to visit all habitats that were present at each site, although we concentrated our efforts on forests. Habitats that we distinguished as important for birds were aquatic habitats, such as rivers, lakes, and streams (primarily present only at Tsimaloto and at Antsiloky); savannah; xerophytic scrub; xerophytic forest; humid or riverine forest; and forest edge. Some areas were intermediate in character between xerophytic scrub and xerophytic forest, or between xerophytic forest and riverine forest. Forests at Ankarokaroka showed high levels of disturbance from grazing by cattle, cutting of trees, and sedimentation from *lavaka*.

At all sites birds were inventoried with binoculars and with tape recorders and directional microphones. We documented the presence of as many species as possible with tape recordings; Schulenberg's recordings are archived at the Library of Natural Sounds, Cornell Laboratory of Ornithology, Ithaca, New York. Point counts were conducted at each site, for the purposes of supplementing the assessments of the relative abundance of each bird species determined from general observations. Point counts were conducted between sunrise and three hours after sunrise. Six point censuses at 200 meter intervals were run in a morning, with 15 minutes per point allowed.

Results

A total of 69 bird species were recorded at the three sites during the RAP survey (Appendix 4). Several of these (*Accipiter henstii* Henst's Goshawk, *Falco concolor* Sooty Falcon, *Coturnix delegorguei* Harlequin Quail) appear to represent new records for Ankarafantsika (based on the site lists for Ampijoroa published in Nicoll and Langrand 1989 and Langrand 1990). *Accipiter henstii* is widely distributed in forested habitats across Madagascar, and its presence in Ankarafantsika was to be expected. *Falco concolor* is a non-breeding visitor to Madagascar that also is very widely distributed, and was expected to occur in Ankarafantsika. *Coturnix delegorguei* is patchily distributed across western Madagascar, but there are previous records near Ankarafantsika (Langrand and Appert 1995).

The number of bird species recorded at the three sites was similar: 58 species at Ankarokaroka, 56 at Tsimaloto, and 54 species at Antsiloky. As expected, forests contained more species than did other habitats. The number of species associated with forest also was similar at the three sites: 39 forest species at Ankarokaroka, 35 forest species at Tsimaloto, and 38 forest species at Antsiloky (Appendix 4). Riverine forests, with a total of 34 species, were slightly more diverse than were xero-

phytic forests (31 species). Species that were recorded only within riverine forests during this survey were *Dryolimnas cuvieri*, *Treron australis*, *Ispidina madagascariensis*, *Leptosomus discolor*, *Philepitta schlegeli*, *Nectarinia notata*, *Tylas eduardi*, and *Zosterops maderaspatana*. Species that were largely or entirely restricted to xerophytic forest were *Mesitornis variegata*, *Coua coquereli*, *Ninox superciliaris*, *Upupa epops*, and *Xenopirostris damii*.

Most of the birds of Ankarafantsika, including forest species, actually are widespread across Madagascar. Several species of particular conservation importance, however, were recorded during the survey and are discussed below in more detail.

At least 40 species of birds have been recorded at Ampijoroa (Nicoll and Langrand 1989, Langrand 1990) that were not recorded at any of the RAP survey sites (Table 4.1); however, 7 of these were detected in the Ankarafantsika area during the time period of the survey, typically during periods when the RAP team was in transit from one field site to another. The vast majority (23) of the species that are reported from Ampijoroa, but which were not detected by the RAP team, are aquatic species that are known from the lake and associated marshes at Ampijoroa; the absence, or great rarity, of these species elsewhere in the region (including at the lake at Tsimaloto, where there are no marshes) reflects that lack of suitable habitat other than at Ampijoroa.

Two additional species previously reported from Ampijoroa that were not recorded during the RAP survey require comment. *Neomixis striatigula* (Stripe-throated Jery) was reported by Langrand (1990) (but not by Nicoll and Langrand 1989). There are two populations of *Neomixis striatigula* on Madagascar, one that inhabits the rainforest belt of northern and eastern Madagascar, and another in the spiny desert and adjacent dry forests in southern Madagascar. There are no certain records of this species in western Madagascar between the Tsisbihina River, 450 km southwest of Ankarafantsika (Morris and Hawkins 1998), and Manongarivo, 300 km to the northeast. Inclusion of this species on a list of the birds of Ampijoroa (Langrand 1990: 44) may rest either on a mis-identification, or a typographic error. The latter seems quite possible, as the distribution map for this species (Langrand 1990: 335) does not include the area around Ankarafantsika.

Calicalicus madagascariensis (Red-tailed Vanga) was reported for Ankarafantsika by Nicoll and Langrand (1989) and Langrand (1990). Typically *Calicalicus* is a very vocal species that would be difficult to overlook if present; yet, it was not detected at any site during the RAP surveys, nor has it been recorded at Ampijoroa during earlier field work at Ampijoroa by the senior author, nor by Frank Hawkins (pers. comm.) over nearly 16 months of field work there. The absence, or great rarity, of *Calicalicus madagascariensis* at Ankarafantsika is somewhat surprising, however, as this species is widely distributed across Madagascar in a variety of forested habitats.

Table 4.1. Bird species previously reported from Station Forestière Ampijoroa (Nicoll and Langrand 1989, Langrand 1990), but not recorded at the three sites surveyed during the 1997 RAP expedition to Réserve Naturelle Intégrale d'Ankarafantsika. Species whose names are placed in brackets were not recorded at the three sites, but were seen in the Ankarafantsika area during the RAP survey, usually during periods when we were in transit between two of the survey sites.

Species	Habitat
Tachybaptus ruficollis	Aquatic
Tachybaptus pelzelnii	Aquatic
Phalacrocorax africanus	Aquatic
[*Ardeola ralloides*]	Aquatic
Ardeola idae	Aquatic
[*Bubulcus ibis*]	Pastures, fields
[*Butorides striatus*]	Aquatic
[*Egretta ardesiaca*]	Aquatic
Egretta dimorpha	Aquatic
[*Casmerodius albus*]	Aquatic
Ardea purpurea	Aquatic
Ardea humbloti	Aquatic
Anastomus lamelligerus	Aquatic
Platalea alba	Aquatic
[*Sarkidiornis melanotos*]	Aquatic
Avicida madagascariensis	Forest
Accipiter madagascariensis	Forest
Machaeramphus alcinus	Forest (near bat colonies)
Porzana pusilla	Aquatic
Gallinula chloropus	Aquatic
Porphyrula alleni	Aquatic
Actophilornus albinucha	Aquatic
Rostratula benghalensis	Aquatic
Himantopus himantopus	Aquatic
Charadrius pecuarius	Aquatic
Charadrius tricollaris	Aquatic
Charadrius marginatus	Aquatic
Tringa nebularia	Aquatic
Actitis hypoleucos	Aquatic
Larus cirrocephalus	Aquatic
Sterna caspia	Aquatic
Coracopsis vasa	Forest
Zoonavena grandidieri	Overhead (but over or near forest)
Apus barbatus	Overhead
Motacilla flaviventris	Open habitats near water
Saxicola torquata	Savanna, forest edge
Acrocephalus newtoni	Aquatic
[*Corvus albus*]	Savanna, forest edge, villages

Species Accounts

Haliaeetus vociferoides (Madagascar Fish-Eagle)

A single immature *Haliaeetus* was recorded almost every day that we were present at Tsimaloto, along the stream that drains the south end of the lake. This is one of the rarest birds of prey in the world (Watson et al. 1993), regarded as critically endangered (Collar et al. 1994), and largely confined to western and northern Madagascar. The lake at Ampijoroa long has been a known breeding location for a pair of fish-eagles; otherwise, the only other known location in Ankarafantsika was Lac Tsimaloto, where Rabedonasoa (1997) reported a nest. We did not see this nest, nor did we see any adult fish-eagles. We cannot tell, of course, whether this immature bird hatched at Tsimaloto, or at Ampijoroa, and there is not sufficient evidence to determine the frequency with which *Haliaeetus* may breed at Tsimaloto.

Mesitornis variegata (White-breasted Mesite)

As recently as the mid-1980s, this species was known solely from Ankarafantsika (Collar and Stuart 1985). Currently, this species is also known from four localities in western Madagascar (Hawkins 1994), with an anomalous recent record from Ambatovaky, in a humid forest in eastern Madagascar (Thompson and Evans 1992). Three of the four sites in western Madagascar at which this species is found are protected areas (Ankarafantsika reserves, Réserve Spéciale d'Analamera, and Réserve Spéciale d'Ankarana), but it is believed that the *Mesitornis* populations at Analamera and Ankarana are small and relictual (Hawkins 1994), which support its listing as Vulnerable (Collar et al. 1994). Therefore, the forests at Ankarafantsika are one of the two most important sites for this species, and are the only significant population of the species in a protected area.

It is encouraging, then, that this species was recorded at all three sites surveyed in Ankarafantsika. Pairs or groups were found in a variety of forest types. Although a few pairs were found in riverine forest at Tsimaloto or in degraded forest at Ankarokaroka, *Mesitornis* reached its greatest abundance in xerophytic forest. We found it most regularly in xerophytic forest with a closed canopy, many lianas, but little herbaceous growth. Xerophytic forest with a more open canopy, or with a denser understory, appeared to lack *Mesitornis*. *Mesitornis* was quite patchily distributed, however, and appeared to be absent from many forest areas. This apparent absence was inferred from the lack of response to tape playback; a similar method utilizing tape playback has been shown to be a very effective method of detection for this species (Hawkins 1994). For example, on 22 February, on a transect of over one kilometer from the edge of an expanse of savannah south of the Antsiloky camp through xerophytic forest on sandy soil and down into the taller humid forest in the Karambao river basin, along which *Mesitornis* vocalizations were broadcast every 200 m, only a single positive response was obtained (in xerophytic forest, but at the edge of the savannah). On the other hand, using similar tape playback techniques, two groups of *Mesitornis* were encountered on a transect of only 300 m in moderately tall xerophytic forest on sandy soil on a plateau west of the Antsiloky camp.

Our survey was much too brief to constitute a population survey of *Mesitornis variegata* in the Ankarafantsika reserve. We do take heart in our finding that the species indeed seems to be widely distributed across the Ankarafantsika plateau. Our own observations in Ankarafantsika support the determinations by Hawkins (1994) at Ampijoroa that densities are highest in closed canopy, xerophytic forest on sand, and secondarily in riverine (valley bottom) forests. On the other hand, the (local) patchiness of the distribution of this species suggests that the total population of the species at Ankarafantsika may be closer to the lower, rather than higher, bound estimated by Hawkins (1994) from density estimates determined at Ampijoroa.

Philepitta schlegeli (Schlegel's Asity)

Philepitta schlegeli is found only in northwestern and western Madagascar, where it is known from a few scattered localities, including Ampijoroa. The species is regarded as Near-Threatened (Collar et al. 1994). We recorded small numbers of this species in humid riverine forest at each of the three sites. Therefore, *Philepitta schlegeli* seems likely to occur throughout Ankarafantsika in suitable habitat, although such habitat may be rather limited within Ankarafantsika.

Xenopirostris damii (Van Dam's Vanga)

Xenopirostris damii is an extremely poorly known species that in this century has been recorded only from two sites, Station Forestière Ampijoroa (Jardin Botanique A) and Réserve Spéciale d'Analamera (Collar and Stuart 1985, Hawkins et al. 1990). Its threatened status is regarded as Vulnerable (Collar et al. 1994). We were surprised to record this vanga only at one site, Antsiloky, and even here it appeared to be rare. We found *Xenopirostris* in the same habitat (closed-canopy xerophytic forest on sand) in which *Mesitornis variegata* reached its greatest density, yet we recorded approximately half as many detections of *Xenopirostris* (usually in groups of three or four) as we did of the mesite along the same transects.

Conservation Recommendations

Perhaps the most surprising, and most disturbing, result of this brief survey across the Ankarafantsika region was the apparent rarity of intact, closed canopy xerophytic forest on sand. This is an important primary habitat for one globally threatened bird species, *Mesitornis variegata*, and perhaps the only habitat for another, even rarer bird, *Xenopirostris damii*. The only such forest that we encountered was near Antsiloky, and for *Xenopirostris* at least, this forest is second in impor-

tance only to that of Jardin Botanique "A" at Ampijoroa. It will be important to the long-term management of both the *Mesitornis* and the *Xenopirostris* to determine the extent of such forests within Ankarafantsika, and to ensure that these forests receive maximum protection. At Antsiloky, for example, we encountered sizeable areas of such forest that had been burned. If such burning is the result (intentionally or otherwise) of human activity, then steps need to be taken to restrict human activity in these areas. If the xerophytic scrub is a natural plant formation, then little can be done; but if any areas of such scrub in fact represent areas that once supported closed-canopy xerophytic forest but have become degraded (through grazing?), then efforts should be taken to restore this habitat. Once the extent of closed-canopy xerophytic forests in Ankarafantsika are determined, all such forests should be surveyed for the presence of *Xenopirostris damii*, and if possible, a census conducted of this species. Given that it apparently is only very locally distributed in the Ankarafantsika forests, and that it is known (in this century) from only a single other site, the conservation status of this species may be even more precarious than previously recognized.

Taller, humid riverine forests are of secondary importance for *Mesitornis varieagata*, and are the principal habitat for *Philepitta schlegeli*; bird species diversity in general is highest in such forests. There is human encroachment well up the basin of the Karambao River into the reserve, which if left unchecked poses a critical threat to the integrity of these forests.

There is an additional globally threatened species, *Anas bernieri* (Bernier's Teal), that has been reported near Mahajanga, and in marshes between Marovoay and Ampijoroa, but which, to our knowledge, has not been recorded from the Station Forestière Ampijoroa or the Réserve Naturelle Intégrale d'Ankarafantsika. This species is regarded as Endangered (Collar et al. 1994). Given the very low level of protection for aquatic habitats in general in Madagascar (Langrand and Wilmé 1993), and the possibility that a population of *Anas bernieri* exists in the lower Betsiboka river basin, any regional development plans shouldplace a high priority on maximizing the habitats available to aquatic birds in the region, and on minimizing any threats to waterfowl populations.

Literature Cited

Cibois, A., B. Slikas, T. S. Schulenberg, and E. Pasquet. 2001. An endemic radiation of Malagasy songbirds is revealed by mitochondrial DNA sequence data. Evolution 55: 1198–1206.

Collar, N. J., and S. N. Stuart. 1985. *Threatened birds of Africa and related islands*. The ICBP/IUCN red data book, part 1. Cambridge, United Kingdom: International Council for Bird Preservation and International Union for Conservation of Nature and Natural Resources.

Collar, N. J., M. J. Crosby, and A. J. Stattersfield. 1994. *Birds to watch 2. The world list of threatened birds.* Cambridge, United Kingdom: BirdLife International.

Hawkins, A. F. A. 1994. Conservation status and regional population estimates of the White-breasted Mesite *Mesitornis variegata*, a rare Malagasy endemic. Bird Conservation International 4: 279–303.

Hawkins, A. F. A., P. Chapman, J. U. Ganzhorn, Q. M. C. Bloxam, S. C. Barlow, and S. J. Tonge. 1990. Vertebrate conservation in Ankarana Special Reserve, northern Madagascar. Biological Conservation 54: 83–110.

Langrand, O. 1990. *Guide to the birds of Madagascar.* New Haven: Yale University Press.

Langrand, O., and O. Appert. 1995. Harlequin Quail *Coturnix delegorguei* and Common Quail *Coturnix coturnix* on Madagascar: occasional migrants or resident species? Ostrich 66: 150–154.

Langrand, O., and L. Wilmé. 1993. Protection des zones humides et conservation des espèces d'oiseaux endémiques de Madagascar. *In:* Wilson, R. T. (editor), *Proceedings of the Eighth Pan-African Ornithological Congress.* Annales Musée Royal de l'Afrique Centrale (Zoologie) 268. Pp. 201–208.

Lavauden, M. L. 1932. Étude d'une petite collection d'oiseaux de Madagascar. Bulletin du Muséum National d'Histoire Naturelle, Second Série, 4: 629–640.

Mittermeier, R. A., I. Tattersall, W. R. Konstant, D. M. Meyers, and R. B. Mast. 1994. *Lemurs of Madagascar.* Washington, DC: Conservation International.

Morris, P., and F. Hawkins. 1998. *Birds of Madagascar: a photographic guide.* New Haven, Connecticut: Yale University Press.

Nicoll, M. E., and O. Langrand. 1989. *Madagascar: revue de la conservation et des aires protégées.* Gland, Switzerland: World Wide Fund for Nature.

Rabedonasoa, N. 1997. Note sur le Pygargue de Madagascar (*Haliaeetus vociferoides*) dans la région de l'Ankarafantsika. Working Group on Birds in the Madagascar Region Newsletter 7 (1): 18.

Rasmussen, P. C., T. S. Schulenberg, A. F. A Hawkins, and V. Raminoarisoa. 2000. Geographic variation in the Malagasy Scops Owl (*Otus rutilus* auct.), and the existence of an unrecognized species. Bulletin of the British Ornithologists' Club 120: 75–102.

Thompson, P. M., and M. I. Evans. 1992. The threatened birds of Ambatovaky Special Reserve, Madagascar. Bird Conservation International 2: 221–237.

Watson, R. T., J. Berkelman, R. Lewis, and S. Razafindramanana. 1993. Conservation studies on the Madagascar Fish Eagle *Haliaeetus vociferoides. In:* Wilson, R. T. (editor), *Proceedings of the 8th Pan-African Ornithological Congress.* Annales Musée Royal de l'Afrique Centrale (Zoologie) 268. Pp. 192–196.

Chapitre 5

Evaluation Rapide de la Diversité Biologique des Reptiles et Amphibiens de la Réserve Naturelle Intégrale d'Ankarafantsika

Jean-Baptiste Ramanamanjato et Nirhy Rabibisoa

Résumé

- 47 espèces de reptiles et 12 espèces d'amphibiens ont été inventoriées lors de cette expédition. Neuf de ces espèces sont endémiques à la Réserve Naturelle Intégrale d'Ankarafantsika. Neuf autres espèces ayant une aire de distribution restreinte (espèces endémiques régionales) sont également représentées.
- Cinq espèces sont probablement nouvelles pour la Science, dont un serpent, un gekko, un scinque et deux batraciens.
- Le site d'Ankarokaroka, ouvert et dégradé, est moins riche en espèces que Tsimaloto (le plus intacte) et Antsiloky (intermédiaire), en particulier en espèces endémiques à la Réserve. Il faut noter cependant qu'une espèce de scinque endémique à la réserve, *Pygomeles petteri*, n'a été inventoriée qu'à Ankarokaroka.
- La faune d'Ankarokaroka est dominé par les formes typiques des milieux dégradés tandis que les faunes de Tsimaloto et Antsiloky sont dominées par les espèces préférant les milieux naturels. Les habitats les plus riches en espèces sont la forêt dense sur plateau à Tsimaloto, la forêt marécageuse ripicole à Antsiloky et la forêt secondaire à Ankarokaroka. Citons aussi comme habitat important la savane d'Ankarokaroka qui abrite deux espèces, dont l'une endémique à la Réserve, rencontrées nulle part ailleurs lors de cette expédition.

Introduction

Auparavant, très peu d'information était disponible sur la connaissance de l'herpétofaune et batracofaune de la région nord-ouest de Madagascar. Bien que la région soit bien connue par la présence de quelques espèces endémiques locales (*Geochelone yniphora, Brookesia decaryi, Furcifer rhinocera-* *tus*), très peu d'inventaires y ont été réalisés. Pour la Réserve Naturelle Intégrale (RNI) d'Ankarafantsika, 38 espèces de reptiles et cinq d'amphibiens ont été signalées présentes dans cette région (Nicoll & Langrand 1989, Blommers-Schlosser & Blanc 1991, 1993). La plupart des études effectuées ont été concentrées aux alentours des sites facilement accessibles, en particulier près de la station forestière d'Ampijoroa. Pour exemple, l'Université de Michigan mena en 1995 un programme d'inventaire de la faune herpétologique dans les sites susmentionnés.

Methodes

Nos activités de recherche furent concentrées principalement dans trois sites sélectionnés par le projet et fréquentés pendant une période de cinq jours chacun: Ankarokaroka, Tsimaloto et Antsiloky. Trois techniques différentes ont été adoptées:

1. **observation directe** des espèces durant leurs activités ou sur leurs biotopes, jour et nuit, en suivant un itinéraire déterminé (transect mesuré par le groupe de primatologue), à vitesse constante (environ 25 m/min) et en s'assurant soigneusement de l'existence d'un animal.
2. **fouille méthodique des biotopes** à l'aide d'un *"stumpripper"* de part et d'autre -10 m environ- d'un transect. Cette méthode permet de localiser les espèces furtives qui bougent peu dans leur biotope.
3. **piégeage** par trou-piège ou *pitfall traps* afin de capturer les espèces fouisseuses et les espèces terrestres difficiles à observer ou à capturer directement à la main. Trois lignes de pièges par site ont été dressées dans différents types de micro-habitats, durant les cinq nuits de piégeage. Les caractéristiques de chaque ligne sont données dans le Tableau 5.1. Chaque ligne mesure 100 m

Tableau 5.1. Nombre d'individus capturé par jour et par ligne.

Jour		Ankarokaroka			Tsimaloto			Antsiloky			Total
		L1	L2	L3	L4	L5	L6	L7	L8	L9	
	Habitat	versant	vallée	vallée	vallée	crête	plateau	versant	versant	plateau	
	Etat	IIre	dég.	dégr.	intact	intact	± intact	IIre	IIre	± intact	
	Forêt	±dense	±dense	±dense	dense	dense	xéro.	dense	dense	xéro.	
1		54	209	41	0	1	6	0	0	4	315
2		13	14	11	1	1	5	2	3	10	60
3		8	6	24	4	22	4	4	0	5	77
4		34	32	27	3	1	3	3	2	4	109
5		8	17	2	3	0	4	1	2	3	41
Total		117	278	105	11	25	22	10	8	26	602

L = ligne numéroté 1 à 9, IIre = secondaire; dégr. = dégradée; xéro. = xérophytique;

et est composée de 11 seaux de 15 litres, enterrés tous les 10 m. Disposé dans le sens de la longueur, un cellophane fixé verticalement sur des piquets, doit traverser chaque seau sur leur diamètre afin de diriger les animaux jusqu'au piège. La visite se fait chaque matin avant huit heures. Le «nuit-piège» correspond à une durée de 24 heures de piégeage. Le nombre total de nuits-pièges (np) par site correspond au produit du nombre de pièges par ligne, le nombre de lignes par site et le nombre de nuits de piégeage (np = 11 x 3 x 5 = 165 nuits-pièges par site). Les résultats obtenus ont été analysés par la comparaison des rendements de piégeage (Rp) qui est obtenue par la formule: Rp = N/np où N est le nombre d'individus capturés.

Pour ces trois techniques, chaque individu capturé a été identifié provisoirement. Quelques spécimens de référence ont été collectés pour identification définitive au laboratoire du Département de Biologie Animale, Université d'Antananarivo. Chaque spécimen porte un numéro de terrain auquel est associé les informations suivantes: heure d'observation, date, altitude, type de biotope et d'habitat, longitude et latitude (celles du camp). Quelques individus par espèce furent photographiés, d'autres furent l'objet d'extraction des foies pour l'étude de la relation phylogénétique des espèces.

La forêt primaire de la RNI d'Ankarafantsika est du type caducifolié, composé d'espèces adaptées aux conditions arides saisonnières (Nicoll & Langrand 1989). Selon la répartition et l'écologie générale de la faune reptilienne et amphibienne nous avons adopté la subdivision de la forêt naturelle comme suit: (1) forêt dense sèche caducifoliée primaire ou secondaire, intacte ou dégradée, où s'effectua la grande partie de l'inventaire; (2) forêt xérophytique sur sable, adaptée aux conditions arides; (3) forêt marécageuse ripicole (Groupe Botaniste du RAP, UNESCO-MAB/PNUD 1992); (4) la

présence d'une grande surface occupée par la savane arbustive dans la réserve, mérite d'être signalée.

Le recensement fut effectué dans les différents types d'habitats ou micro-habitats présumés importants pour la diversité des reptiles et amphibiens:

à Ankarokaroka:
- forêt dense sèche primaire dégradée en bas versant et vallée;
- forêt secondaire en bas versant et vallée (lignes 1, 2 et 3);
- forêt sèche caducifoliée sur les plateaux (formation primaire sur sable, perturbée par le surpâturage);
- savane arbustive de part et d'autre de la route d'Andranofasika.

à Tsimaloto:
- forêt dense sèche à grands arbres, relativement intacte sur vallée et bas versant (Groupe Botaniste, ligne 4);
- forêt ripicole sur sol humide, à proximité de la rivière et du lac Tsimaloto;
- forêt dense sèche sur les plateaux et hauts versants (ligne 5);
- forêt xérophytique sur sable blanc sur les plateaux (ligne 6).

à Antsiloky:
- forêt marécageuse ripicole;
- forêt dense à grands arbres (canopée fermée) dans la vallée le long de la rivière Karambao;
- formation secondaire très dégradée en bas du camp (lignes 7 et 8);
- forêt dense sèche sur les plateaux et sur les versants (près de la ligne 9 et autour du lac Antsiloky);
- forêt xérophytique sur sable blanc aux alentours de la ligne 9 et au sud du lac Antsiloky.

Le degré de dégradation des habitats varie suivant les sites. Les vallées et les bas versants d'Ankarokaroka sont occupés par des formations primaires très dégradées et des forêts secondaires. Les trois types d'habitats suivants ne sont pas représentés dans les trois sites: la savane arbustive, unique à Ankarokaroka et la formation marécageuse ripicole et la formation xérophytique présentes uniquement à Tsimaloto et Antsiloky.

Resultats Et Discussion

47 espèces de reptiles et 12 d'amphibiens ont été recensées (toutes méthodes confondues) durant l'évaluation rapide de la biodiversité de la Réserve Naturelle Intégrale d'Ankarafantsika (Annexe 5).

Au total, 33 espèces (26 de reptiles et 7 d'amphibiens) furent recensées à Ankarokaroka, 44 espèces (35 de reptiles et 9 d'amphibiens) à Tsimaloto et 42 espèces (33 de reptiles et 9 d'amphibiens) à Antsiloky. La différence en nombre est nette entre le premier et les deux derniers sites. Tsimaloto et Antsiloky possèdent, en outre, une faune très semblable (indice de Jacquard = 81%) qui diffère sensiblement de la faune d'Ankarokaroka (indice de Jacquard = 57%). 20 espèces ont été recensées dans les trois sites et 19 espèces sont uniques à un seul site: 8 à Ankarokaroka, 6 à Tsimaloto et 5 à Antsiloky.

Ankarokaroka
Bien que moins riche en espèces que les deux autres sites, Ankarokaroka héberge 8 espèces absentes à Tsimaloto et Antsiloky: *Furcifer angeli, Brookesia brygooi, Pygomeles petteri, Typhlops* sp.1, *Typhlops* sp.2, *Boa manditra, Leioheterodon modestus* et *Dyscophus insularis*. Deux de ces espèces, *P. petteri* et *L. modestus*, ne furent recensées que dans la savane.

Les forêts sur les vallées d'Ankarokaroka ont une richesse spécifique élevée par rapport aux autres habitats de ce site (Tableau 5.2). Parmi les 33 espèces de reptiles et d'amphibiens d'Ankarokaroka, 19 (soit 58%) furent recensées en milieux dégradés et secondaires (forêt de *Tamarindus* ou de *Zizyphus* et savane anthropique). Les espèces suiv-

antes, typiques de ces milieux dégradés sont dominantes à Ankarokaroka: *Tomopterna labrosa, Scaphiophryne calcarata, Dyscophus insularis, Mimophis mahfalensis, Leioheterodon modestus* et *Liopholidophis lateralis*. Les formes tributaires des forêts naturelles, telles que *Furcifer angeli, Brookesia brygooi,* sont peu représentées et concentrées en forêt dense sur les plateaux.

Tsimaloto
Six espèces ne furent observées qu'à Tsimaloto: *Pseudoxyrhopus quinquelineatus* et *Typhlops decorsei* (dans la vallée), *Stenophis arctifasciatus, Ithycyphus miniatus* et *Voeltzkowia mira* (sur les hauts versants et les plateaux) et *Heterixalus luteostriatus* (dans la forêt ripicole). Inversement au cas d'Ankarokaroka, Tsimaloto est dominé par des formes préférant les milieux naturels: plus de la moitié (32/44 ou 73%) des espèces furent rencontrées dans la forêt dense des plateaux et de la vallée (Tableau 5.2). Citons l'exemple de *Brookesia decaryi, Furcifer rhinoceratus, Uroplatus guentheri, Uroplatus henkeli* et *Boophis* sp. qui sont abondantes dans la vallée et les bas versants. Cependant, la présence de certaines formes typiques des milieux secondaires ou dégradés fut aussi observée en forêt naturelle. Parmi celles-ci, *Zonosaurus laticaudatus* et *Mimophis mahfalensis* sont assez abondantes respectivement dans le milieu ouvert près du lac et dans la formation xérophytique, tandis que *Ptychadena mascareniensis, Mabuya elegans* et *Leioheterodon madagascariensis* sont assez rares dans ce site. Les autres espèces trouvées abondantes dans les habitats secondaires ou dégradés d'Ankarokaroka sont complètement absentes (*Dyscophus insularis*) ou sont assez rares (*Tomopterna labrosa, Furcifer oustaleti*) à Tsimaloto. Notons aussi la présence d'une nouvelle espèce de *Voeltzkowia* dans la vallée de Tsimaloto.

Antsiloky
Cinq espèces, *Alluaudina* sp., *Phelsuma lineata bombetokensis, Amphiglossus waterloti, Boophis tephraeomystax* et *Heterixalus tricolor,* ne furent recensées qu'à Antsiloky. A l'exception de *Boophis tephraeomystax,* toutes étaient localisées dans la vallée, soit en forêt dense, soit au bord du lac.

Tableau 5.2. Nombre d'espèces par type d'habitat et par site. Proportion (en %) indiquée entre parenthèses.

Habitats	Ankarokaroka	Tsimaloto	Antsiloky
Vallée primaire intacte ou dégradée	12 (36)	12 (27)	4 (10)
Forêt secondaire	13 (39)	-	11 (26)
Plateaux	9 (27)	24 (55)	13 (31)
Savane	10 (30)	-	-
Forêt ripicole et marécageuse	-	9 (20)	15 (36)
Forêt xérophytique	-	13 (30)	8 (19)
Total	**33**	**44**	**42**

Bien que 5 types d'habitats aient été prospectés à Antsiloky, le nombre total d'espèces recensées ne dépasse pas celui de Tsimaloto. Ce site est caractérisé par l'importance de la communauté dans la forêt marécageuse ripicole (Tableau 5.2), composée de 15 espèces dont certaines sont abondantes: citons les exemples de *Boophis* sp., *Mantidactylus ulcerosus*, *Mantidactylus wittei* (Amphibia) et *Crocodylus niloticus* (Reptilia). Pour les autres types d'habitats, les indicateurs de forêts secondaires ou dégradées prédominent: *Mabuya elegans*, *Zonosaurus laticaudatus*, *Mimophis mahfalensis*, *Boophis tephraeomystax* et *Leioheterodon madagascariensis*, tandis que les autres espèces sont rares dans leurs habitats: *Paroedura* sp., *Voeltzkowia* sp., *Furcifer rhinoceratus*, *Brookesia decaryi* et *Uroplatus henkeli*.

En résumé, la forêt dense sur les plateaux et la vallée de Tsimaloto héberge le maximum d'espèces parmi les six types d'habitats rencontrés. A Ankarokaroka, les sols faibles en litière et l'ensablement de la vallée semblent peu favorables à l'herpétofaune.

Communautés inhabituelles

Dans les trois sites, la vallée est plus riche et habitée par une communauté importante. Citons comme exemple: *Mabuya elegans*, abondante dans la savane d'Ankarokaroka mais localisée dans la forêt xérophytique à Tsimaloto et Antsiloky.

Quatre espèces de caméléons sont présentes à Ankarokaroka: *Brookesia brygooi*, *Furcifer angeli*, *F. rhinoceratus* et *F. oustaleti*. Les deux premières ne furent pas observées dans les habitats similaires à Tsimaloto et Antsiloky mais se trouvent remplacées dans la vallée par *Brookesia decaryi,* une espèce endémique locale.

A Tsimaloto et Antsiloky, les formes endémiques locales sont bien représentées: *Brookesia decaryi* et *Furcifer rhinoceratus* (dans les vallées et bas versants), *Boophis* sp. (en forêt ripicole), et *Paroedura* sp. et *Voeltzkowia* n. sp. (en forêt xérophytique). Trois autres espèces endémiques locales ont été recensées, mais dans un seul site: *Pygomeles petteri* en savane arbustive à Ankarokaroka, *Voeltzkowia mira* en forêt dense sèche à Tsimaloto et *Alluaudina* sp. en forêt marécageuse ripicole à Antsiloky.

Les formations sèches de Tsimaloto et Antsiloky sont pauvres en diversité biologique, mais abritent un peuplement spécial: *Oplurus cyclurus*, *O. cuvieri* (forêt xérophytique) et *Phelsuma mutabilis* (forêt dense sèche).

Piégeage

Au total, 71 reptiles (11 espèces représentées) et 571 amphibiens (7 espèces représentées) furent capturés dans les trois sites durant 495 nuits-pièges.

Les 165 nuits-pièges d'Ankarokaroka ont permis de capturer 500 individus (dont 487 amphibiens), soit l'équivalent de 82% des individus capturés, avec un rendement de piégeage plus élevé (303%) que celui des deux autres sites (35% à Tsimaloto et 27% à Antsiloky). Cependant, la diversité spécifique des individus capturés est assez faible (7/18) (cf Annexe 5). La dominance des espèces typiques de la forêt dégradée, telles que *Tomopterna labrosa* (63%), *Dyscophus insularis* (30%) est remarquable. La première qui est faiblement représentée à Tsimaloto (10%), est absente et se trouve remplacée par d'autres espèces, à Antsiloky.

La variation journalière du nombre d'individus capturés est nette pour le site d'Ankarokaroka (Tableau 5.1): 304 sur les 500 individus capturés par cette méthode ont été piégés lors du premier jour où la pluviosité était maximale, alors que le maximum de capture se fit au troisième jour pour Tsimaloto et au deuxième jour pour Antsiloky, soit au plus un jour après le pic de pluviosité.

Distribution régionale

Des inventaires biologiques ont été réalisés dans différents blocs forestiers du domaine de l'ouest, à savoir PK 32 (Toliara) en février-mars 1995, Kirindy en janvier 1996, RNI de Bemaraha en février-mars 1996, Soalala en juin et décembre 1996 et RNI de Namoroka. Les données observées ont permis de déterminer la répartition de chaque espèce observée dans la réserve d'Ankarafantsika. La faune herpétologique de la Réserve est principalement constituée par des espèces du domaine de l'ouest, avec des formes typiques du domaine du sud (*Oplurus cyclurus* et *Phelsuma mutabilis*) et du domaine de Sambirano (*Uroplatus henkeli*, *Heterixalus tricolor*). A noter aussi, la présence de deux formes, probablement nouvelles pour la science, appartenant à des genres largement répartis dans les domaines de Sambirano et de l'Est. La première, *Boophis* sp., est proche du groupe *Boophis brachychir* de la RNI de Lokobe et de la région de l'est. Alors que le genre *Alluaudina* est composé de deux espèces décrites: une venant d'Ankarana (pointe nord, domaine de l'est) et une autre, connue de la Montagne d'Ambre (pointe nord, domaine de l'est) et dans le domaine de Sambirano (RNI de Marojejy, Masoala, Ambanja).

La similarité de la composition faunistique diminue au fur et à mesure que l'on s'éloigne de la réserve vers le sud. La plus grande affinité se trouve avec la forêt de Baie de Baly-Soalala. Malgré cette relation biogéographique, l'état de la population varie d'un site à l'autre : citons l'exemple de *Furcifer angeli* rare à Ankarokaroka mais abondante à Baie de Baly, et d'*Uroplatus guentheri* plus abondante à Ankarafantsika qu'à Baie de Baly.

La différence nette entre les deux blocs forestiers est marquée par les points suivants:

* la richesse spécifique plus élevée à Ankarafantsika qu'à Soalala (59 et 42 espèces);
* le taux d'endémisme élevé à Ankarafantsika: 9/59 (15%) contre 1/42 (2%) à Soalala;
* l'existence dans la réserve de formes communes au domaine de Sambirano (*Uroplatus henkeli*, *Phelsuma lineata bombetokensis*, *Stumpffia* sp.), et d'espèces

réparties au nord de la réserve (*Amphiglossus waterloti*) mais absentes à Soalala;

- l'absence dans la réserve de certaines espèces typiques du domaine de l'ouest (*Mabuya* sp.), présentes dans la forêt de Soalala;
- la présence d'espèces largement réparties au sud: *Oplurus cyclurus* pour la réserve d'Ankarafantsika et *Zonosaurus karteini* pour la forêt de Soalala.

Endémicité

L'analyse de la répartition biogéographique des données obtenues durant l'évaluation rapide de la biodiversité, permet de mettre en évidence la présence d'un nombre non-négligeable d'espèces qui y sont strictement localisées. Parmi celles-ci, quatre ont été déjà documentées et confirmées par des données récentes comme endémiques locales de la RNI d'Ankarafantsika:

- *Furcifer rhinoceratus* (caméléon)
- *Brookesia decaryi* (caméléon)
- *Pygomeles petteri* (scinque)
- *Voeltzkowia mira* (scinque)

Cinq autres sont probablement nouvelles pour la science et n'avaient jamais été recensées ailleurs. Ce sont :

- *Alluaudina* sp. (serpent)
- *Voeltzkowia* sp. (scinque)
- *Boophis* sp. (batracien)
- *Stumpffia* sp. (batracien)
- *Paroedura* sp. (batracien)

Au total, le RAP a permis d'inventorier 9 espèces endémiques de la RNI d'Ankarafantsika. Sur les 59 recensées, le taux d'endémisme s'élevant jusqu'à 15,3% constitue un peuplement unique et diversifié.

Conservation

Pour évaluer l'importance de l'endroit pour la conservation, on doit tenir compte des pressions permanentes exercées à l'heure actuelle par les activités humaines sur l'ensemble de la réserve et plus particulièrement sur les trois sites étudiés. Les feux de brousse, la divagation des zébus, le défrichement et autres constituent des facteurs de menace considérables à Ankarokaroka et Antsiloky, conduisant par la suite à la réduction inévitable et progressive des zones d'habitat faunistique. Malgré cela, en considérant les 8 espèces documentées mais non recensées durant le RAP, la RNI d'Ankarafantsika abrite 67 espèces de reptiles et d'amphibiens, parmi lesquelles 9 sont endémiques locales.

Par ailleurs, la forêt d'Ankarafantsika tient un rôle zoogéographique important par le fait qu'elle abrite des espèces à distribution limitée au nord-ouest de Madagascar dont ce bloc forestier constitue la limite extrême de distribution. Une espèce endémique (*Pygomeles petteri*) se trouve localisée à Ankarokaroka, en milieu dénudé, alors que ce milieu est actuellement ensablé.

Les formes endémiques de la RNI et celles présentant une aire de répartition limitée telles que *Furcifer angeli, Phelsuma lineata bombetokensis, Uroplatus guentheri, Uroplatus henkeli, Amphiglossus waterloti* et celles typiques du sud (*Oplurus cyclurus*) sont considérées importantes pour la conservation. Compte tenu de leur aire de répartition restreinte et l'accélération de la dégradation actuelle des habitats faunistiques, ces espèces doivent être considérées comme vulnérables.

Compte tenu de l'importance biologique et des menaces des habitats faunistiques de la RNI d'Ankarafantsika, on propose les recommandations suivantes pour atténuer les impacts de la dégradation:

- maîtriser la fréquence des feux, en particulier dans la Réserve;
- améliorer le contrôle des zébus qui fréquentent la réserve en particulier le site d'Ankarokaroka;
- aider les populations locales pour l'amélioration du système d'élevage des bovins;
- convaincre les populations riveraines pour l'utilisation des rizières permanentes;
- mener un programme de suivi écologique de certaines espèces endémiques (*Brookesia decaryi, Furcifer rhinoceratus, Alluaudina* sp., *Voeltzkowia* sp.) indicatrices du milieu naturel intact pour pouvoir mesurer l'effet de la dégradation;
- selectionner *Dyscophus insularis* comme espèce indicatrice du changement de l'habitat, en effectuant une étude comparative de son abondance relative dans différents types de milieu (dégradé, fortement dégradé, plus ou moins intact);
- assurer la protection des habitats riches en diversité biologique tels que le plateau d'Ankarokaroka, les vallées de Tsimaloto et d'Antsiloky;
- encourager les villageois à continuer à respecter les *Fady* ou lacs sacrés et ainsi assurer la protection de la forêt aux alentours.

Conclusion

L'évaluation rapide de la diversité herpétologique de la RNI d'Ankarafantsika a permis de mettre en évidence la présence de 12 espèces d'amphibiens et 47 espèces de reptiles, parmi lesquelles 9 sont strictement localisées à Ankarafantsika, jamais recensées ailleurs dont 5 sont probablement nouvelles pour la science.

Des communautés importantes ont été observées sur le plateau sableux d'Ankarokaroka, sur la vallée et la formation xérophytique de Tsimaloto et Antsiloky. La savane d'origine anthropique et les milieux dégradés visités ne présentent qu'une faible valeur en matière de biodiversité. Hors ceux-ci s'avancent après disparition du couvert végétal originel à la suite des activités humaines. Ce changement, même partiel, entraîne un risque de perte irrémédiable de diversité biologique dans la Réserve Naturelle Intégrale d'Ankarafantsika. Le statut de protection de *Pygomeles petteri*, localisée dans le milieu dégradé d'Ankarokaroka, ne pourrait être assuré par le Projet de Conservation et de Développement Intégré actuel. Compte tenu de l'importance biologique de la région, des mesures appropriées à chacun des habitats présumés importants, doivent être prises afin d'atténuer les impacts négatifs des activités humaines.

References Citees

Blommers-Schlösser, R. M. A. et Blanc, C. P. 1991. Amphibiens. Faune de Madagascar 75 (1): 379pp.

Blommers-Schlösser, R. M. A. et Blanc, C. P. 1993. Amphibiens. Faune de Madagascar 75 (2): 144pp.

Brygoo, E. R. 1971. Reptiles sauriens Chamaeleontidae genre Chamaeleo. Faune de Madagascar 33.

Nicoll, E. M. et Langrand, O. 1989. Madagascar. Revue de la conservation et des Aires Protégées. World Wide Fund for Nature, Gland, Switzerland.

Goodman, S. M., Ramanamanjato, J. B. et Raselimanana, A. P. 1997. Les Amphibiens et les Reptiles. *In*: Inventaire biologique: Forêt de Vohibasia et d'Isoky-Vohimena. Goodman, S. M. et Langrand, O. (Eds). Recherches pour le Développement, Sér. Sc. Biol., n° 12.

Projet UNESCO/MAB/PNUD MAG/88/007. 1992. Rapports Scientifiques 1988-1992. Conservation des Ecosystèmes Naturels-Opérations pilotes d'Eco-développement des Communautés de base. UNESCO-MAB/ PNUD.

Chapitre 6

Inventaire des Cicindèles (Insectes Coléoptères) dans la Réserve d'Ankarafantsika

Lanto Andriamampianina

Résumé

- 12 espèces de cicindèles ont été inventoriées lors de cette expédition, ce qui porte le nombre de cicindèles actuellement connues de la réserve à dix-neuf. Deux des espèces récoltées sont connues seulement de la région d'Ankarafantsika.

- Neuf espèces ont été récoltées à Antsiloky contre sept espèces à Ankarokaroka et six à Tsimaloto. En plus des espèces observées à Tsimaloto, les deux autres sites possèdent des espèces qui sont liés à des habitats dégradés et ou à l'ensablement telles que *Ambalia aberrans*, *Chaetodera perrieri* et *Lophyra abbreviata*. Ces observations confirment l'état encore plus ou moins intact de la forêt de Tsimaloto.

- Chaque site possède une espèce qui lui est particulière: *Lophyra abbreviata* pour Ankarokaroka, *Stenocosmia angustata* pour Tsimaloto, et *Pogonostoma laportei* et *P. fleutiauxi* pour Antsiloky.

- Les forêts denses sèches, dégradées ou non, et les forêts galeries sont plus riches que les autres types d'habitats. Toutefois, la végétation xérophytique de Tsimaloto, bien que pauvre en espèces, est le seul habitat où fut capturée l'espèce endémique *Stenocosmia angustata*, connue seulement de la région d'Ankarafantsika. Quant à l'autre espèce unique à Ankarafantsika, *Chaetotaxis descarpentriesi*, elle fut uniquement récoltée à Ankarokaroka et Antsiloky dans les forêts denses sèches.

Introduction

Les Cicindèles sont des insectes carnivores, connus pour leur habileté à courir et voler rapidement pour chasser leurs proies. Elles s'attaquent, aussi bien à l'état adulte que larvaire, à de nombreux petits invertébrés.

Les Cicindèles sont reconnues comme de bons indicateurs de la distribution de la biodiversité (Pearson & Cassola 1992, Hori 1982). Alors que les membres de cette famille se rencontrent dans un grand éventail d'habitats, la plupart des espèces tendent à habiter un type d'habitat particulier et sont très sensibles au moindre changement (Pearson & Cassola 1992). De ce fait, ces insectes paraissent très bien indiqués pour la comparaison de différents sites.

Par ailleurs, les larves des Cicindèles sont prédatrices de différents petits invertébrés comme les crustacées terrestres, centipèdes, araignées, libellules, papillons, mouches, et même coléoptères (Hori 1982). Leurs principaux ennemis des larves sont les hyménoptères parasitoïdes tels que les Tiphiidae (Pearson 1988). Les Cicindèles adultes sont attaqués par de nombreux prédateurs: oiseaux (Hori 1982; Larochelle 1975, 1978), lézards (Pearson 1988), diptères Asilidae (Lavigne 1972; Pearson 1988), et libellules (Graves 1962). On peut donc s'attendre à ce que la répartition des Cicindèles reflète en partie celle de ces autres groupes.

La famille des Cicindèles est un des groupes d'insectes les mieux étudiés à Madagascar. On connaît les grands traits de leur biologie; et leur taxonomie est relativement bien établie pour la grande île. Les Cicindèles malgaches peuvent être divisées en deux groupes :

- Le genre *Pogonostoma*, limité à la region malgache (Jeannel 1946) est entièrement arboricole et habite les forêts primaires, sempervirentes et décidues. En raison de leur mode de vie arboricole, ces Cicindèles sont directement menacées par la deforestation.
- Tous les autres genres de Cicindèles sont terrestres et pour la plupart forestiers.

171 espèces de Cicindèles, presque toutes endémiques, ont été décrites de Madagascar. Si certaine d'entre elles sont rencontrées un peu partout dans la grande île, la plupart ont une distribution beaucoup plus localisée. Pour la région d'Ankarafantsika en particulier, la révision de la littérature et l'examination des spécimens de collection de Muséums (Muséum National d'Histoire Naturelle de Paris et le 'Natural History Museum', Londres) et d'autres collections locales (Parc Botanique et Zoologique de Tsimbazaza et la collection privée de M. Peyrieras) ont permis de découvrir que douze espèces sont déjà connues dans la région d'Ankarafantsika (Tableau 6.1). Deux d'entre elles, *Chaetotaxis descarpentriesi* et *Stenocosmia angustata* sont connues seulement de cette région.

Methodologie

Sites et stations d'études

Trois sites ont été sélectionnés par le Réserve d'Ankarafantsika pour cette évaluation rapide de la biodiversité. Dans chaque site, un certain nombre de stations a été défini pour le piégeage des Cicindèles. Ces stations ont été choisies pour représenter tous les habitats du site. En effet, étant donné que les Cicindèles sont adaptées à tous les types d'habitats terrestres, aucun type d'habitat n'a été considéré *a priori* comme moins intéressant.

Site 1: Ankarokaroka

Nous avons visité le site d'Ankarokaroka du 3 au 9 février. Il se trouve au sud-sud-ouest de la station forestière d'Ampijoroa à environ 5km de distance. Le centre de ce site se situe à environ 16°13'20.3"S latitude Sud et 47°08'12.1"E longitude Est. Ce site constitue une zone relativement dégradée avec un ensablement très poussé dû à l'érosion, la coupe des arbres et le pâturage des bestiaux. On y observe un mélange d'essences de forêt primaire et de forêt secondaire. La voûte forestière étant généralement ouverte, la strate herbacée est bien développée et à dominance de plantules et de Poaceae.

Cinq stations (ANKA 1, ANKA 2, ANKA 3, ANKA 4 et ANKA 5) ont été étudiées à Ankarokaroka (Tableau 6.2).

Site 2: Tsimaloto

Le site de Tsimaloto est situé à l'est de la réserve aux environs du lac Tsimaloto. Le centre du site est aux environs de 16°16'1.2"S latitude Sud et 47°03'E longitude Est. Nous avons visité ce site entre le 11 et le 17 février 1997. Ce deux-

Tableau 6.1. Liste des espèces de Cicindèles connues de la région d'Ankarafantsika.

Espèces	Non re-capturées	Uniques à Ankarafantsika	Nouvellement recensées	Sources*
Ambalia aberrans			X	
Chaetodera maheva	X			PEY
Chaetodera perrieri			X	
Chaetotaxis descarpentriesi		X		Deuve 1987
Cicindelina oculata	X			MNHN
Habrodera ovas	X			PBZT, PEY
Habrodera truncatilabris	X			PEY
Hipparidium clavator				PBZT
Lophyra abbreviata			X	
Lophyra tetradia			X	
Myriochile melancholica	X			MNHN,PBZT
Pogonostoma cyanescens				PEY
Pogonostoma elegans			X	
Pogonostoma laportei			X	
Pogonostoma fleutiauxi			X	
Pogonostoma subtiligrossa				MNHN,PEY
Prothyma radama	X			PBZT, PEY
Physodeutera janthina	X			PBZT
Stenocosmia angustata		X		Rivalier 1965

Sources:
PBZT: Parc Botanique et Zoologique de Tsimbazaza, Antananarivo, Madagascar.
MNHN: Muséum National d'Histoire Naturelle de Paris, Département Entomologie.
PEY: Collection privée de Monsieur Peyrieras.
Deuve (1987), Rivalier (1965) voir références citées.

Tableau 6.2. Les cinq stations d'Ankarokaroka utilisées pour l'étude des Cicindelidae.

Station	ANKA 1	ANKA 2	ANKA 3	ANKA 4	ANKA 5
Localisation	Forêt haut de falaise (nord)	Forêt ensablée à *Tamarindus*	Forêt dense sèche (est)	Forêt ensablée (sud)	Forêt dégradée à *Ziziphus*
Sol	latéritique	sable roux	sablonneux	sable blanc et latéritique	sable roux
Humidité/Point d'eau	sec	présence d'un cours d'eau	présence d'un cours d'eau	présence d'un cours d'eau	sec
Couverture strate herbacée	~ 30 %	presque nulle	60 à 70 %	15 à 20 %	~ 10 %
Voûte forestière	ouverte	fermée	ouverte	fermée	ouverte
Topographie	versant/sommet	vallée	vallée/versant	vallée	vallée

Tableau 6.3. Les cinq stations de Tsimaloto utilisées pour l'étude des Cicindelidae.

Station	TSIM 1	TSIM 2	TSIM 3	TSIM 4	TSIM 5
Localisation	Bordure du Lac	Forêt dense sèche (ouest du campement)	Fourré xérophile sommet	Forêt dense sèche (est du campement)	Bas-fonds/ Forêt galerie
Sol	latéritique	sable blanc et latéritique	sable blanc	latéritique	argilo-limoneux
Humidité/Point d'eau	présence d'un cours d'eau	sec	sec	sec	présence d'un cours d'eau
Couverture strate herbacée	~ 80 %	30 à 40 %	30 à 40 %	50 à 60 %	~ 80 %
Voûte forestière	fermée	ouverte	ouverte	fermée	fermée
Topographie	vallée	versant	sommet	versant	vallée

ième site présente une végétation plus ou moins intacte et est plus humide par rapport à Ankarokaroka due à la proximité du lac Tsimaloto. Les essences forestières de Tsimaloto sont surtout composées d'espèces de forêt primaire. La voûte forestière est plutôt fermée dans ce site, entraînant une strate herbacée moins développée et composée surtout d'orchidées et de plantules. Le sol est humide. On remarque également au sommet la présence d'une formation xérophytique caractérisée par des espèces végétales naines et pachycaules.

Cinq stations (TSIM 1, TSIM 2, TSIM 3, TSIM 4 et TSIM 5) ont été étudiées à Tsimaloto (Tableau 6.3).

3: Antsiloky

Nous avons visité le dernier site, celui d'Antsiloky, du 19 au 24 février. Antsiloky se trouve au centre de la réserve le long de la rivière Karambao, aux environs du point de coordonnées 16°20'16.8"S latitude sud et 46°47'34.8"E longitude Est. Le site d'Antsiloky présente un état de dégradation plus ou moins avancé. Excepté une zone très humide longant la rivière Karambao, tous les autres habitats sont plutôt secs. On observe la présence à la fois d'espèces de forêt primaire et secondaire. Il y a des traces assez récentes de feu. La voûte forestière est généralement ouverte. La strate herbacée est plus ou moins bien fournie et à dominance de plantules, d'orchidées et de graminées. On observe également des fougères ce qui traduit en quelque sorte une grande humidité

du sol. De même qu'à Tsimaloto, on observe à Antsiloky une formation xérophytique sommitale.

Cinq stations (ANTSI 1, ANTSI 2, ANTSI 3, ANTSI 4 et ANTSI 5) ont été définies pour représenter les différents habitats d'Antsiloky (Tableau 6.4).

Récolte des données

On ne connaît pas encore de piège efficace pour capturer les Cicindèles. Deux méthodes ont donc été utilisées au cours de cette étude pour la récolte des insectes: la chasse à vue et le piégeage pitfall (piège à fosse).

La chasse à vue

La plupart des Cicindèles sont très actives pendant le jour et peuvent facilement être détectées quand elles volent et courent. La chasse à vue à donc constitué la principale méthode de capture des Cicindèles et a permis de récolter la plupart des espèces. Les Cicindèles terrestres ont été capturées au moyen d'un filet fauchoir tandis que les cicindèles arboricoles ont été capturées à la main. La chasse a été effectuée le long de transects parcourant la surface de chaque site. Pour faciliter la comparaison des résultats, l'effort d'échantillonnage a été fixé à 40 heures de chasses par site.

Tableau 6.4. Les cinq stations d'Antsiloky utilisées pour l'étude des Cicindelidae.

Station	ANTSI 1	ANTSI 2	ANTSI 3	ANTSI 4	ANTSI 5
Localisation	Forêt marécageuse	Fourré xérophile	Forêt galerie	Forêt dense sèche	Forêt dégradée
Sol	très humide (± vaseux)	sable blanc	argilo-limoneux	latéritique	latéritique, rocailleux
Humidité/Point d'eau	présence d'un cours d'eau	sec	présence d'un cours d'eau	sec	sec
Couverture strate herbacée	5 à 10 %	5 à 10 %	50 à 60 %	20 à 30 %	50 à 60 %
Voûte forestière	fermée	ouverte	fermée	semi-ouverte	ouverte
Topographie	vallée	sommet	vallée	versant	versant

Le piégeage pitfall

Le piège «pitfall» a été également utilisé pour capturer les Cicindèles terrestres. En effet, les Cicindèles terrestres font usage la plupart du temps de leurs longues pattes pour se déplacer et ne volent que rarement. Pour ce type de piège, sept seaux de cinq litres ont été placés à intervalle de 10 m le long d'un transect de 60 mètres à chaque station. Nous avons mis dans chaque seau de l'eau et du savon en poudre pour empêcher les insectes d'en ressortir.

Identification des spécimens

La plupart des espèces ont été identifiées à Antananarivo en se référant aux collections locales de Monsieur Peyrieras et du Parc Tsimbazaza. Les quelques spécimens qui n'ont pu être identifiés sur place ont été envoyés en Italie chez Monsieur Fabio Cassola, spécialiste détennant une grande collection de Cicindèles.

Analyse des résultats

Pour la comparaison des trois sites, j'ai étudié la structure des communautés de Cicindèles à quatre niveaux conceptuels:

- **Richesse taxonomique:** la façon la plus simple pour évaluer la richesse biologique d'un site est de répertorier les taxa en présence. (= nombres d'espèces et leur identité)
- **Diversité:** mesuré par l'indice de Shannon, dérivé de la théorie de l'information, qui a l'avantage d'être relativement indépendant de la taille de l'échantillon (Frontier et Viale 1991; Legendre et Legendre 1979).

$$H' = -\sum_{i=1}^{n} pi \log_2 (pi) \qquad R = H' / \log_2 n$$

où n = le nombre des espèces contenues dans un échantillon,
pi = la fréquence relative de l'espèce I, et
R = la régularité de l'abondance relative des espèces (indice de Pielou).

- **Diagramme rang-fréquence:** où les espèces sont classées par ordre d'abondance relative décroissante. L'allure des diagrammes rangs-fréquences varie essentiellement en fonction de la diversité spécifique et donne une représentation plus synthétique qu'une simple valeur numérique de la diversité. La distribution de l'abondance des espèces ainsi mise en évidence correspond à une structure quantitative de la communauté (Brunel 1987).
- **Similarité:** pour mesurer à quel point les communautés de Cicindèles des trois sites sont semblables, nous avons utilisé le coefficient de Morisita-Horn (C_{mH}), sensible à la fréquence des espèces les plus abondantes (Magurran 1988).

$$C_{mH} = \frac{2 \sum (a_{ni} b_{ni})}{(da + db)\, aN\, bN} \qquad \text{avec} \quad da = \frac{\sum a_{ni}^2}{aN^2}$$

où aN et bN indiquent respectivement le nombre total d'individus dans les sites A et B.
a_{ni} et b_{ni} représentent respectivement le nombre d'individus de l'espèce i dans les sites A et B.

Resultats Et Discussion

Liste faunistique

Un total de douze espèces regroupées dans sept genres a été inventorié dans l'ensemble de la réserve d'Ankarafantsika (Tableau 6.5, Annexe 6).

Douze espèces de Cicindèles ont déjà été recensées auparavant à Ankarafantsika. Seulement cinq d'entre elles ont été retrouvées au cours de cette expédition. Nous n'avons pas réussi à capturer les sept autres. Par contre, sept autres espèces ont été nouvellement recensées; ce qui porte le nombre des espèces de Cicindèles actuellement connues de la réserve à dix-neuf (Tableau 6.1).

En ce qui concerne les sept espèces que l'on n'a pas pu observer au cours de cette expédition, on peut comprendre aisément l'absence de certaines d'entre elles dans nos récoltes.

Tableau 6.5. Tableau comparatif des cicindèles collectées dans les trois sites – par nombre d'individus de chaque espèce, ( ) = clé des espèces.

Espèces	Ankarokaroka	Tsimaloto	Antsiloky	Antsiloky-Ambanjakely	Tsimaloto-Antsiloky
Ambalia aberrans (A abe)	10	1	7		2
Chaetodera perrieri (C per)	47		4		
Chaetotaxis descarpentriesi (C dsc)	1		6		
Hipparidium clavator (H cla)	34	18	12	6	
Lophyra abbreviata (L abb)	43				
Lophyra tetradia (L tet)				+	+
Stenocosmia angustata (S tco)		2			
Pogonostoma cyanescens (P cya)	18	12	13		
Pogonostoma elegans (P elg)		7	5		
Pogonostoma subtiligrossa (P sbt)	10	11	3		
Pogonostoma laportei (P lap)			4		
Pogonostoma fleutiauxi (P flt)			2		

Ainsi l'absence des espèces *Chaetodera maheva*, *Habrodera ovas* et *Habrodera truncatilabris* s'explique probablement par le fait qu'aucun des trois sites étudiés ne possède une assez large plage de sable bordant une grande rivière; type d'habitat où l'on observe normalement ces espèces. Par contre, il est un peu étonnant que nous n'ayons pas rencontré les espèces *Physodeutera janthina*, *Cicindelina oculata*, *Prothyma radama* et *Myriochile melancholica*. Ces espèces ont été observées dans toute la partie occidentale sinon presque partout à Madagascar et sont considérées assez communes.

Le diagramme de la Figure 6.1 représente le nombre cumulé d'espèces capturées dans chaque site au cours des cinq jours de chasse. Les trois courbes continuent à croitre ce qui suggère qu'on n'a pas encore récolté toutes les espèces présentes. Il est fort possible qu'un séjour plus long dans ces sites permette de recenser plus d'espèces. Andriamampianina

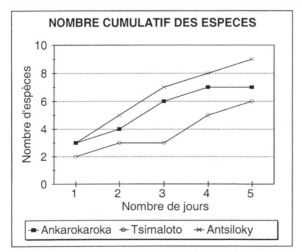

Figure 6.1. Nombre cumulatif des cicindèles capturées pendant les cinq jours de capture.

(1996) a essayé d'établir un modèle de distribution des cicindèles dans tout Madagascar, en se basant sur des données réelles de distribution (données de la littérature et des collections) et le type d'habitat requis par chaque espèce. Cette démarche poursuivie afin de pallier aux lacunes de l'échantillonnages prédit la présence de 25 espèces de cicindèles dans la région d'Ankarafantsika. Parmi les sept espèces nouvellement recensées, six espèces font partie de cette liste, ce qui tend à confirmer cette prévision.

Similarité

Les valeurs du coefficient de Morisita-Horn données dans le Tableau 6.6 montrent que Tsimaloto est plus similaire à Antsiloky. La structure des communautés de Cicindèles de ces deux localités présente 79% de ressemblance. Entre Ankarokaroka et Antsiloky, la similarité est de 56% tandis qu'entre Ankarokaroka et Tsimaloto elle est seulement de 49%.

Malgré l'assez grande ressemblance des communautés observées dans les trois sites, on observe quelques petites différences aussi bien qualitatives (compositions spécifiques) que quantitatives (proportions des différentes espèces). Chaque site possède une espèce qui lui est particulière: *Lophyra abbreviata* pour Ankarokaroka, *Stenocosmia angustata* pour Tsimaloto et deux espèces de Pogonostomes à savoir *Pogonostoma laportei* et *Pogonostoma fleutiauxi* pour Antsiloky.

Les diagrammes dans les Figures 6.2 et 6.3 montrent les variations d'abondance des espèces dans les trois sites.

Diversité taxonomique

Au niveau des sites

Les Tableau 6.6 et Annexe 6 montrons qu'on a récolté à peu près le même nombre de taxa dans les trois sites étudiés. Le site d'Ankarokaroka présente une plus grande diversité au

Tableau 6.6. Résumé de l'analyse des résultats.

	Ankarokaroka	Tsimaloto	Antsiloky
Nombre d'individus	163	51	56
Nombre d'espèces	7	6	9
Nombre de genres	6	4	5
Diversité spécifique (Indice de Shannon)	2,3864	2,1865	2,9386
Régularité (Indice de Pielou)	85%	84,58%	92,70%
Similarité (coefficient de Morisita-Horn)	-------- 49,24 % -------- -------- 78,96 % -------- ---------------------- 56,15 % ----------------------		

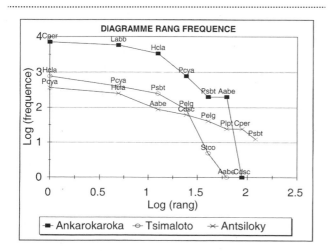

Figure 6.2. Abondance des différentes espèces dans les trois sites. Voir Tableau 6.5 pour le clé des espèces.

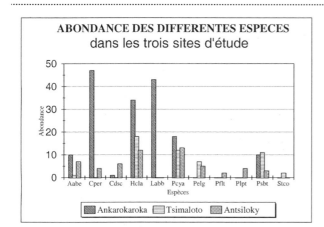

Figure 6.3. Diagramme rang-fréquence des espèces dans les trois sites. Voir Tableau 6.5 pour le clé des espèces.

niveau générique avec six genres tandis que Antsiloky est le site le plus riche en espèces. Neuf espèces ont été récoltées à Antsiloky contre sept espèces à Ankarokaroka et six à Tsimaloto.

Les valeurs de l'indice de diversité de Shannon ont montré une toute petite différence entre les trois sites. Ainsi la station d'Antsiloky montre une plus grande diversité avec un indice de Shannon égal à 2,9, suivie du site d'Ankarokaroka avec 2,4 et celui de Tsimaloto avec 2,2. La valeur de l'indice de diversité plus faible observée à Tsimaloto est due au plus petit nombre d'espèces par rapport aux deux autres sites. En effet dans l'ensemble des résultats, on peut voir qu'en plus des espèces observées à Tsimaloto, les deux autres sites possèdent des espèces qui sont liés à des habitats dégradés et ou à l'ensablement telles que *Ambalia aberrans, Chaetodera perrieri* et *Lophyra abbreviata*.

Au niveau des habitats

Le Tableau 6.7 nous donne la liste et le nombre des espèces récoltées dans les différents habitats pour l'ensemble de la réserve. Il faut remarquer cependant que les surfaces couvertes par les différents habitats ne sont pas les mêmes. La forêt dense sèche recouvre la plus grande partie de la réserve. De même, les forêts dégradées et ou ensablées ainsi que les forêts galeries sont également bien représentées. Par contre les autres habitats sont plus réduits. Ainsi les formations xérophytiques sont réduites au sommet des sites de Tsimaloto et d'Antsiloky. Tandis que la forêt marécageuse est observée seulement à Antsiloky, les lacs se trouvent dans les deux sites d'Antsiloky et de Tsimaloto. Quant à la savane, elle n'a pas du tout été étudiée au cours de cette expédition. Il se peut donc que les résultats présentés dans le Tableau 6.7 sont en partie les reflets de cette disproportion de représentation des habitats.

Quoi qu'il en soit, on peut dire qu'en général les forêts denses sèches, dégradées ou non, et les forêts galeries sont plus riches que les autres types d'habitats. Par contre, les formations xérophytiques et la forêt marécageuse sont très pauvres. Le résultat obtenu dans la forêt au bord du lac à Tsimaloto (capture = 0) est très curieux car en général ce type d'habitat est très apprécié par de nombreuses espèces de Cicindèles.

On peut remarquer que malgré la faible diversité de Cicindèles dans la végétation xérophytique, ce type d'habitat apparaît particulièrement important car ce fut le site de capture de l'espèce *Stenocosmia angustata*, espèce connue uniquement dans la région d'Ankarafantsika. Quant à l'autre espèce *Chaetotaxis descarpentriesi* qui est également unique à Ankarafantsika, elle a uniquement été récoltée à Ankarokaroka et Antsiloky dans les forêts denses sèches.

Dans ce diagramme rang-fréquence (Figure 6.3), les trois courbes ont une allure convexe ce qui traduit une présence d'un nombre important d'espèces de moyenne abondance, sans espèce fortement dominante. On peut voir dans ce

Espèces	Forêt dense sèche	Forêt dégradée ou ensablée	Forêt galerie	Fourré xérophile	Forêt marécageuse	Bordure du lac	Savane
Ambalia aberrans	X	X					
Chaetodera perrieri	X	X		X			
Chaetotaxis descarpentriesi	X	X					
Hipparidium clavator	X	X	X		X		
Lophyra abbreviata		X					
Lophyra tetradia							X
Pogonostoma cyanescens	X	X	X		X		
Pogonostoma elegans	X		X				
Pogonostoma subtiligrossa	X	X	X				
Pogonostoma laportei	X						
Pogonostoma fleutiauxi			X				
Stenocosmia angustata					X		
Nombre d'espèces	**8**	**7**	**5**	**2**	**2**	**0**	**1**

diagramme une similarité au niveau des espèces dominantes dans les deux sites de Tsimaloto et d'Antsiloky. En effet dans ces deux sites, les deux premières espèces sont les mêmes, à savoir *Hipparidium clavator* et *Pogonostoma cyanescens*.

Le site d'Ankarokaroka ressemblerait plus aux deux autres sites s'il n'etait pas trop marqué par la dominance de *Chaetodera perrieri* et *Lophyra abbreviata*. Ces deux espèces sont particulièrement adaptées au terrain sableux et l'ensablement très poussé qui couvre une très grande partie de la vallée d'Ankarokaroka a probablement favorisé leur explosion. A Antsiloky et Tsimaloto, un tel habitat est confiné seulement au sommet xérophytique et qui plus est l'humidité requise par *Lophyra abbreviata* y fait défaut.

Conservation

Partant d'une seule et même communauté à l'origine, les quelques différences observées actuellement entre les trois sites sont le résultat de perturbations survenues ultérieurement.

Comparée à Ankarokaroka et Antsiloky, la communauté de Cicindèles observée à Tsimaloto est caractérisée par l'absence des espèces associées aux habitats dégradés. L'absence des trois genres *Chaetotaxis, Chaetodera* et *Lophyra* dans le site de Tsimaloto ainsi que la récolte seulement d'un seul individu du genre *Ambalia* confirment l'état encore plus ou moins intact de cette forêt. En revanche, *Pogonostoma* un genre essentiellement de forêt primaire y est très commun. Par ailleurs, Tsimaloto est d'autant plus importante que c'est dans ce site que l'on a trouvé l'espèce *Stenocosmia angustata*. Rappelons que cette espèce n'a été trouvée jusqu'à maintenant que dans la région d'Ankarafantsika et de ce fait, elle devrait être considérée comme particulièrement importante pour la conservation.

Malgré les signes de perturbations observés à Antsiloky, ce site semble être important du fait de sa grande diversité. On note la présence sympatrique de cinq espèces de Pogonostomes dans ce site. Une telle particularité est très commune dans les forêts denses humides de l'Est mais plutôt rare dans les forêts sèches caducifoliées de l'Ouest malgache. On note également que deux espèces de Pogonostomes sont récoltées seulement à Antsiloky à savoir *Pogonostoma laportei* et *Pogonostoma fleutiauxi*.

L'état de dégradation est plus poussé à Ankarokaroka à cause de l'érosion et l'ensablement. Cela a engendré la destruction de certains habitats dans ce site. Par contre, Antsiloky et Tsimaloto présentent des habitats que l'on ne rencontre pas à Ankarokaroka comme les formations xérophytiques, les lacs et les forêts marécageuses. En plus, ces deux sites possèdent des traits biologiques caractéristiques qui les rendent particulièrement importants pour la conservation. Je recommanderais donc une consideration particulière pour les sites de Tsimaloto et d'Antsiloky pour une meilleure conservation de la biodiversité d'Ankarafantsika.

Conclusion

Ce travail a permis de recenser un total de douze espèces de Cicindèles dont sept sont nouvelles pour la région d'Ankarafantsika. Les résultats suggèrent que plusieurs autres espèces sont encore à découvrir à Ankarafantsika. En terme de richesse spécifique, la réserve d'Ankarafantsika ne diffère pas beaucoup des autres régions du centre et de l'Ouest malgache. Par contre la recapture d'espèces uniques à Ankarafantsika et des traits biologiques rappelant ceux des forêts humides de l'Est rendent cette région particulièrement importante.

En général, les résultats obtenus avec les Cicindèles présentent une certaine ressemblance avec ceux des autres groupes dans le sens qu'ils confirment l'état plus ou moins intact du site de Tsimaloto et l'état de dégradation à des degrés différents des deux autres sites.

Ce travail a également permis la description des caractères biologiques des trois sites étudiés et par la même, la distinction de deux sites identifiés comme plus important pour la conservation, Tsimaloto et d'Antsiloky. En effet, en plus de la grande diversité observée à Antsiloky, ces deux sites présentent des particularités très importantes pour la conservation.

References Citees

Andriamampianina, L. 1996. Biogeography of Enariine (Melolonthidae) and Cicindelid beetles in Madagascar. The Durrell Institute of Conservation and Ecology. The University of Kent at Canterbury. 80p. Dissertation non publiée.

Brunel, C. 1987. Etude entomocoenotique le long d'un transect culture-coteau calcaire-vallée humide à la Chaussée-Tirancourt (Vallée de la Somme). Répartition spatio-temporelle du peuplement. Thèse de Doctorat de 3ème cycle. Option Biologie Appliquée.

Deuve, T. 1987. Nouveaux *Cicindelidae* de Madagascar et de Turquie [Coleoptera, Caraboidea]. *Revue Française d'Entomologie* 9:71–75.

Frontier, S., and D. Viale 1991. *Ecosystèmes: Structure, Fonctionnement, Evolution.* Masson et Cie., 283–307p.

Graves, R.C. 1962. Predation on *Cicindela* by dragonfly. *Can. Ent.* 94: 1231.

Hori, M. 1982. The biology and Population dynamics of the Tiger beetles, *Cicindela japonica* (Thunberg). *Physiol. Ecol. Japan* 19: 77–212.

Jeannel, R. 1946. Coléoptères Carabiques de la Région Malgache (Première partie). *Faune de l' Empire Français,* Paris. (VI). 372pp.

Larochelle, A. 1975. Birds as predators of tiger beetles. *Cicindela* 7: 1–7.

Larochelle, A. 1978. Further notes on birds as predators of tiger beetles. *Cicindela* 10 (3): 37–41.

Lavigne, R.J. 1972. Cicindelids as prey of rubber flies (Diptera: Asilidae). *Cicindela* 4 (1): 1–7.

Legendre, L., and P. Legendre 1979. *Le traitement multiple des données écologiques. Ecologie numérique,* tome 1. Collection d'écologie n°12. Masson et Cie. Paris. 197p.

Magurran, A. E. 1988. *Ecological diversity and its measurement.* Chapman and Hall. London, New York, Tokyo, Melbourne, Madras. 179p.

Pearson, D. L., and F. Cassola 1992. World-wide species richness patterns of tiger beetles (Coleoptera Cicindelidae): Indicator taxon for biodiversity and conservation. Studies in Conservation Biology 6 (3): 376–391.

Pearson, D. L. 1988. Biology of Tiger beetles. *Annual Review of Entomology* 33: 123–147.

Rivalier, E. 1965. Description d'espèces nouvelles et création d'un genre nouveau de Cicindelidae Malgaches. *Ann. Soc. ent. Fr. (N.S.).* 1(3): 641–657.

Chapitre 7

Les Scorpions de la Réserve Forestière d'Ankarafantsika, Madagascar, et leur implication pour la Conservation

Wilson R. Lourenço

Introduction

Depuis plusieurs années, les botanistes spécialisés dans le milieu tropical, ont alerté la communauté scientifique et les gestionnaires de la conservation de la vitesse de destruction de la forêt pluviale (par exemple: Prance 1977, Prance et Campbell, 1988; Daly et Prance, 1989). Il y existe encore actuellement, à travers le monde et en particulier à Madagascar, des lambeaux de forêts en danger. L'un des arguments les plus solides pour la préservation de ces zones est la grande diversité de plantes et d'animaux qu'elles renferment. La destruction de la forêt et la perte d'espèces endémiques n'est pas limitée au haut-plateau de Madagascar mais s'applique à toute l'île.

En évaluant l'importance d'une zone pour la conservation, deux point principaux doivent être considérés : 1) la diversité: une forte diversité est difficile à conserver et plus vulnérable à l'extinction (Prance, 1989); 2) l'endémisme : la biodiversité est basée sur un large nombre d'espèces endémiques locales.

Comment les scorpions peuvent servir d'outils de conservation?

Bien que les études sur la biogéographie des scorpions n'aient commencé que récemment par rapport aux études d'autres groupes, les données sont remarquablement consistantes aux données collectées pour les autres taxons. Les scorpions de Madagascar montrent un pourcentage élevé d'endémisme dans les principales formations forestières et dans les zones très localisées pouvant être considérées comme des foyers d'endémisme, comme cela a été observé dans les Néotropiques. Ainsi, Madagascar et l'Afrique ou Madagascar et l'Asie ne partagent aucune espèce de scorpion. Seul un genre (*Opisthacanthus*) est connu pour être commun à Madagascar, l'Afrique et l'Amérique du Sud (Lourenço, 1966b).

Plusieurs zones locales à Madagascar montrent un fort pourcentage d'espèces endémiques qui sont assez importantes. En effet, le degré observé à Madagascar est le plus élevé du monde (Tableau 7.1.).

Ces résultats suggèrent que les scorpions peuvent être utiles dans la définition de zones prioritaires de conservation. Des recommandations pour la conservation ont été émises

Table 7.1 Valeurs comparatives de la diversité et de l'endémisme observé chez le scorpion malgache et dans plusieurs autres régions bien connues du monde (basé sur Lourenço 1996a,b).

	Nb. des Familles	Nb. de Genres	Nb. d'Espèces	Nb. d'Espèces Endémiques	% d'Endémisme
Guyana	3	8	34	23	76
Imeri	2	6	14	13	93
Imataca	2	6	18	15	83
Madagascar	4	9	32	32	100
Ecuador	4	8	36	24	67
Paraguay	2	6	12	2	17
Baja California	5	11	61	46	75

pour la forêt pluviale de la Guyane Française, ainsi que pour le « noyau dur » des Andes tropicales, sur la base de la diversité et de la biogéographie des scorpions, ainsi que d'autres groupes importants de plantes et d'animaux (Lourenço, 1991). Ces mêmes approches pourraient servir à définir les zones prioritaires pour la conservation de la biodiversité de Madagascar.

Resultats

Nous avons collecté peu de scorpions dans la Réserver Forestière d'Ankarafantsika ou ses alentours. Deux espèces ont été répertoriées par Steven Goodman pendant l'évaluation biologique rapide, ce qui porte le nombre total d'espèces connues dans la réserve à six. Des spécimens ont été collectés dans des seaux à fosse à Ankarokaroka, en forêt dégradées à environ 5 km au sud-ouest de la station forestière d'Ampijoroa (3–9 février 1997). Ces deux espèces étaient :

Famille Buthidae
- *Grosphus bistriatus* (Kraepelin 1901): 2 mâles et 1 femelle
- *Grosphus hirtus* (Kraepelin 1901): 4 mâles et 5 femelles

Grosphus bistriatus a été identifié sur un sol sableux alors que *Grosphus hirtus* a été trouvé sur un sol organique.

Les autres familles déjà répertoriées de la Réserve Forestière d'Ankarafantsika (Lourenço 1996a) sont:

Famille Buthidae
1. *Grosphus madagascariensis* (Gervais 1844)
2. *Tityobuthus lucileae* (Lourenço 1996a)

Famille Ischnuridae
3. *Opisthacanthus madagascariensis* (Kraepelin 1894)

En juin 2000 et février 2001, plusieurs scorpions ont été collectés dans la Réserve Forestière d'Ankarafantsika (Station Forestière d'Ampijoroa) par Gerardo Garcia Herrero. L'une d'elles s'est révélée être une nouvelle espèce de *Grosphus* et a été décrite comme suit:

Famille Buthidae
- *Grosphus garciai* Lourenço (Lourenço 2001)

Cette nouvelle espèce a été diagnostiquée comme suit:

Diagnostic: proche de *Grosphus madagascariensis* (Gervais), distinguée par: (i) variations jaunâtres à jaune rougeâtre avec une pigmentation brune intense (*G. madagascariensis* est de couleur foncée ou noire); (ii) taille plus petite; (iii) doigts du pédipalpe mobiles avec 13 rangées obliques de granules, alors qu'il y en a 12 chez

G. madagascariensis; (iv) pédipalpe et *metasoma carinae* plus faible et avec des granules spiroïdaux plus marqués; segment intercarinal beaucoup moins granulés; (v) lobe de la base du doigt mobile réduit (Lourenço 2001).

Notes Biologiques

Au début de l'année 1995, des problèmes concernant les scorpions et les tortues de la Station Forestière d'Ampijoroa dans la Réserve Forestière d'Ankaranfantsika sont apparus. Il a été observé que certaines tortues juvéniles de l'espèce *Geochelone yniphora*; élevée dans le cadre du projet Angonoka/Kapidolo, ont été tuées et l'agent suspect était une espèce de scorpion que j'ai identifiée comme étant *Grosphus bistriatus*. Les cas d'agression entre scorpions et tortues sont pratiquement inconnus en milieu naturel. Toutefois, dans ce cas-ci, les tortues avaient été déplacées dans le territoire du scorpion; créant ainsi une situation artificielle d'incompatibilité entre les deux espèces. Le territoire géographique naturel de la tortue est situé plus à l'ouest (Juvik et al. 1980–81).

En 2000, Gerardo Garcia a examiné le contenu de l'estomac de trois tortues *Erymnochelys madagascariensis* de la Réserve Forestière d'Ankarafantsika. Leurs estomacs contenaient des fragments de trois scorpions identifiés comme étant de l'espèce *Grosphus madagascariensis* (l'une des espèces les plus courantes à Madagascar). Les spécimens de scorpions étaient juvéniles, mesurant probablement entre 25 et 30 mm de long. Il est possible que les scorpions se soient accrochés à la végétation le long de la rivière (et du lac) et par conséquent, soient tombés dans l'eau où ils ont été capturés par les tortues. Les scorpions buthidés, en particulier les juvéniles, sont de bons grimpeurs (Garcia & Lourenço, en préparation).

References Citees

Daly, D.C., and G.T. Prance. 1989. Brazilian Amazon. *In*: Floristic inventory of Tropical countries (D.G. Campbell and H.D. Hammond, eds.). New York Botanical Garden, New York.

Gervais, P., 1844. Remarques sur la famille des Scorpions. *Archs. Mus. Hist. Nat.*, Paris, 4:201–240.

Juvik, J. O., Andrianarivo, J. & Blanc, C.P. 1980–81. The ecology and status of *Geochelone yniphora*: A critically endangered tortoise in Northwestern Madagascar. Biological Conservation. 19:297–316.

Kraepelin, K., 1894. Revision der Scorpione. II. Scorpionidae und Bothriuridae. Jahrb. Hamburg. Wissensch. Anst., 11:1–248.

Kraepelin, K., 1901. Über einige neue Gliederspinnen. Abh. Geb. Naturwiss. 16:3–17.

Lourenço, W.R. 1991. La Province biogéographique guyanaise; étude de la biodiversité et des centres d'endémisme en vue de la conservation des patrimoines génétiques. C.R. Soc. Biogéogr. 67:113–131.

Lourenço, W.R. 1996a. Scorpions (Chelicerata, Scorpiones). In: Faune de Madagascar N° 87. Muséum National d'Histoire Naturelle, Paris: 102pp.

Lourenço, W.R. 1996b. Origins and affinities of the scorpion fauna of Madagascar. *In:* W.R. Lourenço (éd.), Biogéographie de Madagascar. pp. 441–455. Edition de l'ORSTOM, Paris.

Lourenço, W. R., 2001. Another new species of *Grosphus* Simon (Scorpiones, Buthidae) for Madagascar. Rev. Suisse Zool. 108 (3):455–461.

Prance, G.T. 1977. The phytogeographic subdivisions of Amazonia and their influence on the selection of biological reserves. *In*: Extinction is Forever (G.T. Prance and T. S. Elias eds.). New York Botanical Garden, New York.

Prance, G.T. 1989. Rates of loss of Biological diversity: A Global view. *In:* The Scientific Management of Temperate Communities for Conservation (I. F. Spellerberg, F. B. Goldsmith and M.G. Morris eds.). Blackwell Scientific Publications, Oxford.

Prance, G.T., and D.G. Campbell. 1988. The present state of Tropical Floristics. Taxon. 37: 519–548.

Chapter 7

Scorpions of the Réserve Forestière d'Ankarafantsika, Madagascar: Their Implication in Conservation Programs

Wilson R. Lourenço

Introduction

For many years tropical botanists have alerted the scientific community and conservation planners of the alarming rate of forest and rainforest destruction (e.g. Prance 1977, Prance and Campbell 1988; Daly and Prance 1989). Currently, remnant patches of forest remain threatened throughout the world and, especially, in Madagascar. One of the strongest arguments for preservation of these areas is the great diversity of plants and animals they contain. Forest destruction and loss of endemic species is not limited to the higher plateau of Madagascar, but occurs throughout the country.

In assessing the importance of an area to conservation, two major points must be considered: 1) diversity—high diversity is both extinction-prone and difficult to conserve (Prance 1989); 2) endemism—biodiversity is based on a large number of local endemic species.

How Scorpions can be a useful tool in Conservation Programs

Although studies on scorpion biogeography began only recently in comparison to studies of other groups, the data are remarkably consistent with the general pattern obtained

for other taxa. Madagascan scorpions exhibit a high percentage of endemism in major forest formations and very localized areas that could be considered as endemic centres, as has been observed in the Neotropics. For instance, no common species of scorpion occurs in both Madagascar and Africa or Madagascar and Asia. Moreover only one genus (*Opisthacanthus*) is known to be common to Madagascar, Africa and South America (Lourenço 1996b).

Many local areas in Madagascar exhibit percentages of endemics that may be considered quite important. Indeed, the degree observed in Madagascar is the highest observed in the world (Table 7.1).

These findings suggest that scorpions can be useful in defining priority areas for conservation. Conservation recommendations have been made in the Guyana region, in French Guianan rainforest, and also in the "core" area of the tropical Andes based on the diversity and biogeography of scorpions, as well as other important groups of plants and animals (Lourenço 1991). These same approaches could well be used for the definition of priority areas for biodiversity conservation in Madagascar.

Table 7.1. Comparative values of diversity and endemism observed in the Madagascan scorpion community and in several other well-studied regions of the world (from Lourenço 1996a, b).

	Families	Genera	Species	Endemic species	% Endemic
Guyana	3	8	34	23	76
Imeri	2	6	14	13	93
Imataca	2	6	18	15	83
Madagascar	4	9	32	32	100
Ecuador	4	8	36	24	67
Paraguay	2	6	12	2	17
Baja California	5	11	61	46	75

Results

Few scorpions have been collected in the Réserve Forestière d'Ankarafantsika or the nearby area. Two scorpion species were recorded by Steven Goodman during the RAP survey, bringing the total number of species now known from the reserve to six species. Specimens were collected in pitfall buckets at Ankarokaroka, in disturbed forest about 5 km southwest of the forestry station at Ampijoroa (3–9 February, 1997). The two species were:

Family Buthidae
- *Grosphus bistriatus* (Kraepelin 1901): 2 males and 1 female
- *Grosphus hirtus* (Kraepelin 1901): 4 males and 5 females

Grosphus bistriatus was found in sandy soils, whereas *Grosphus hirtus* was found in organic soils.

Additional species previously recorded from the Réserve Forestière d'Ankarafantsika (Lourenço 1996a) include:

Family Buthidae
1. *Grosphus madagascariensis* (Gervais 1844)
2. *Tityobuthus lucileae* (Lourenço 1996a)

Family Ischnuridae
3. *Opisthacanthus madagascariensis* (Kraepelin 1894).

Most recently, during June 2000 and again in February 2001, several scorpions were collected in the Réserve Forestière d'Ankarafantsika (Forest Station Ampijoroa) by Gerardo Garcia Herrero. One of these revealed to be a new species of *Grosphus* and was described as:

Family Buthidae
- *Grosphus garciai* Lourenço (Lourenço 2001)

The new species was diagnosed as follows:

Diagnosis: Close to *Grosphus madagascariensis* (Gervais), distinguished by: (i) Yellowish to reddish yellow variegated, with an intense brownish pigmentation (*G. madagascariensis* is dark to blackish in colour); (ii) smaller size; (iii) movable fingers of pedipalps with 13 oblique rows of granules, in contrast to 12 in *G. madagascariensis*; (iv) pedipalp and metasoma carinae weaker and with much less conspicuous spinoid granules; intercarinal tegument much less granular; (v) lobe at the base of movable finger reduced (Lourenço 2001).

Biological Notes

At the beginning of 1995, problems arose in the Ampijoroa Forestry Station in the Réserve Forestière d'Ankarafantsika concerning scorpions and tortoises. It was observed that some juvenile tortoises of the species *Geochelone yniphora*, raised inside the Angonoka/Kapidolo Project, were killed, and the suspected agent was one species of scorpion which I identified as *Grosphus bistriatus*. Cases of aggression between scorpions and tortoises are practically unknown in natural conditions. However, in the present case the tortoises have been moved into the natural territory of the scorpion, therefore creating an artificial situation of incompatibility between the two species. The natural geographical range of the tortoise is located further west (Juvik et al. 1980–81).

During 2000, Gerardo Garcia examined the stomach contents of three individuals of the turtle, *Erymnochelys madagascariensis*, at the Réserve Forestière d'Ankarafantsika. Their stomachs contained fragments of three scorpions that have been identified as *Grosphus madagascariensis* (one of the most common species in Madagascar). The scorpions specimens were juveniles, probably ranging from 25 to 30 mm in length. It is possible that these scorpions climbed up on vegetation at the sides of the river (and lake), and subsequently fell in the water where they were captured by the turtles. Buthid scorpions, particularly juveniles, are good climbers (Garcia & Lourenço, in preparation).

Literature Cited

Daly, D.C., and G.T. Prance. 1989. Brazilian Amazon. In: Floristic inventory of Tropical countries (D.G. Campbell and H.D. Hammond, eds.). New York Botanical Garden, New York.

Gervais, P., 1844. Remarques sur la famille des Scorpions. *Archs. Mus. Hist. Nat.*, Paris, 4:201–240.

Juvik, J. O., Andrianarivo, J. & Blanc, C.P. 1980-81. The ecology and status of *Geochelone yniphora*: A critically endangered tortoise in Northwestern Madagascar. Biological Conservation 19:297–316.

Kraepelin, K., 1894. Revision der Scorpione. II. Scorpionidae und Bothriuridae. Jahrb. Hamburg. Wissensch. Anst., 11:1–248.

Kraepelin, K., 1901. Über einige neue Gliederspinnen. Abh. Geb. Naturwiss, 16:3–17.

Lourenço, W.R. 1991. La Province biogéographique guy-anaise; étude de la biodiversité et des centres d'endémisme en vue de la conservation des patrimoines génétiques. C.R. Soc. Biogéogr. 67:113–131.

Lourenço, W.R. 1996a. Scorpions (Chelicerata, Scorpiones). *In:* Faune de Madagascar N° 87. Muséum National d'Histoire Naturelle, Paris: 102pp.

Lourenço, W.R. 1996b. Origins and affinities of the scorpion fauna of Madagascar. *In:* W.R. Lourenço (éd.), Biogéographie de Madagascar. pp. 441–455. Edition de l'ORSTOM, Paris.

Lourenço, W. R., 2001. Another new species of *Grosphus* Simon (Scorpiones, Buthidae) for Madagascar. Rev. Suisse Zool. 108 (3):455–461.

Prance, G.T. 1977. The phytogeographic subdivisions of Amazonia and their influence on the selection of biological reserves. *In:* Extinction is Forever (G.T. Prance and T. S. Elias eds.). New York Botanical Garden, New York.

Prance, G.T. 1989. Rates of loss of Biological diversity: A Global view. *In:* The Scientific Management of Temperate Communities for Conservation (I. F. Spellerberg, F. B. Goldsmith and M.G. Morris eds.). Blackwell Scientific Publications, Oxford.

Prance, G.T., and D.G. Campbell. 1988. The present state of Tropical Floristics. Taxon. 37: 519–548.

Index Géographique

Les coordonnées furent enregistrées à l'aide d'un récepteur GPS Trimble®, carte datum WPS-85

Madagascar: Province de Mahajanga; Fivondrona de Marovoay

Ankarokaroka   16°20'16.8"S, 46°47'34.8"E
Environs 5 kilomètres au sud-ouest de la Station Forestière de Ampijoroa, le camp fut situé à proximité d'un grand lavaka, à la limite d'une forêt haute mais dégradée.
3–9 Février 1997

Lac Tsimaloto   16°13'44.4"S, 47°8'34.8"E, 230 m
A proximité du côté sud-est de la Réserve Naturelle Intégrale d'Ankarafantsika, le camp fut situé dans une haute forêt gallerie longeant la petite rivière vidant le lac Tsimaloto.
11–17 Février 1997

Antsiloky   16°13'37.2"S, 46°57'46.8"E
Dans la Réserve Naturelle Intégrale d'Ankarafantsika, le camp fut situé dans une haute forêt gallerie longeant la rivière Karambao, juste en bas du Lac Antsiloky.
19–24 Février 1997

Annexes

Appendices

Annexe 1 Effort d'échantillonnage réalisé dans l'étude de la flore forestière de la Réserve Naturelle Intégrale d'Ankarafantsika

Appendix 1 Sampling effort involved in studying the forest flora in the Réserve Naturelle Intégrale d'Ankarafantsika

Gabrielle Rajoelison, Jeannine Raharimalala, Grâce Rahajasoa, Lanto Herilala Andriambelo, Raymond Rabevohitra et Norbert Razafindrianilana

Ankarokaroka		Caractéristiques des transects Transect characteristics		
Habitat	Diamètre des tiges (cm) Stem diameter (cm)	Nombre Number	Longueur (m) Length (m)	Individus Individuals
Versants	1-10	3	10-50-13	3 x 100
	10-30	2	100-115	2 x 100
	> 30	2	40-215	10-30
Bas-fond (S.O)	1-10	1	27	100
	10-30	1	85	100
	> 30	1	380	71
Bas-fond (N.O)	1-10	1	20	100
	10-30	1	98	100
	> 30	1	355	100
Méandre	1-10	1	25	100
	10-30	1	100	100
	> 30	1	100	11
Vallée	1-10	1	33	100
	10-30	1	136	100
	> 30	1	136	29

Tsimaloto		Caractéristiques des transects Transect characteristics		
Habitat	Diamètre des tiges (cm) Stem diameter (cm)	Nombre Number	Longueur (m) Length (m)	Individus Individuals
Vallée	1-10	1	19	100
	10-30	1	42	100
	> 30	1	207	46
Versants	1-10	2	19-11	2x100
	10-30	1	97	100
	> 30	1	300	36
Replats sommitaux	1-10	2	8-13	2x100
	10-30	1	85	75
	> 30	-	-	-
Sur sable blanc	1-10	3	7-10-9	3 x 100
	10-30	1	70	100
	> 30	-	-	-
Bordure du Lac	1-10	1	10	100
	10-30	1	65	100
	> 30	1	65	10

Antsiloky		Caractéristiques des transects Transect characteristics		
Habitat	Diamètre des tiges (cm) Stem diameter (cm)	Nombre Number	Longueur (m) Length (m)	Individus Individuals
Forêt marécageuse	1-10	1	37	100
	10-30	1	64	100
	> 30	1	160	50
Fourré xérophile sable blanc sommital	1-10	1	6	100
	10-30	-	-	-
	> 30	-	-	-
Forêt semi caducifoliée sur plateaux	1-10	1	6	100
	10-30	1	83	100
	> 30	-	-	-
Forêt ripicole	1-10	1	18	100
	10-30	1	85	100
	> 30	1	85	25

Annexe 2   Espèces de plantes rencontrées dans la Réserve Naturelle Intégrale d'Ankarafantsika

Appendix 2   Plant species recorded in the Réserve Naturelle Intégrale d'Ankarafantsika

Gabrielle Rajoelison, Jeannine Raharimalala, Grâce Rahajasoa, Lanto Herilala Andriambelo, Raymond Rabevohitra et Norbert Razafindrianilana

	Clé pour l'endémicité des plantes Code for plant endemism
1	Endémique de la Région malgache
	Endemic to the Malagasy region
2	Limité à la région malgache, l'Afrique de l'Est et du Sud
	Limited to the Malagasy Region, East Africa and South Africa
3	Taxon panafricain
	Panafrican taxon
4	Taxon pantropical
	Pantropical taxon
5	Taxon paléotropical
	Paléotropical taxon
6	Taxon cosmopolite
	Cosmopolitan taxon

	Site			Endémicité/ Endemism	
	Ankarokaroka	Tsimaloto	Antsiloky	Genre/ Genus	Espèce/Species
Acanthaceae (4)					
Asystasia coromandeliana Nees		*		5	4
Blepharis calcitrapa R. Benoist	*			5	1
Ecbalium linneanum Kurz		*		6	1
Hypoestes serpens R. Br.		*		5	1
Hypoestes sp.	*	*		5	1
Justicia gendarussa burn F.		*		4	1
Ruellia anaticollis R. Bn.	*			6	1
Ruellia cf *cyanea*	*			6	1
Ruellia sp.	*	*	*	6	1
Thunbergia leucorhiza R. Benoist			*	5	1
Adiantaceae (5)					
Adiantum philippense L.	*	*	*	5	5
Doryopteris nicklesii Tard	*	*	*	4	1
Pellaea dura (Willd) Bak			*	4	4

	Site			Endémicité/ Endemism	
	Ankarokaroka	Tsimaloto	Antsiloky	Genre/ Genus	Espèce/Species
Aizoaceae (4)					
Gisekia pharmaceoides L			*	5	4
Hipertelis bowkeriana Sond.		*		5	5
Molugo nudicaulis Lamk		*		4	1
Amaranthaceae (2)					
Celosia trigyna L.		*	*	4	2
Cyathula obtusifolia Cavaco		*	*	5	1
Lagrezia sp.	*			2	1
Lagrezia sp.		*		2	1
Amaryllidaceae (6)					
Crinum firmifolium Baker		*	*	4	1
Annonaceae (5)					
Artabotrys madagascariensis Miq	*	*	*	5	1
Monanthotaxis sp.	*			4	1
Monanthotaxis valida (Diels) Verde	*	*		4	1
Uvaria sp.	*		*	4	1
Apocynaceae (4)					
Cabucala madagascariensis	*	*	*	1	1
Landolphia myrtifolia (Poiret) Markgraf.	*	*	*	4	1
Landolphia tenuis Jumelle	*	*	*	4	1
Plectanea firingalavensis Jumelle		*		1	1
Plectaneia elastica Jumelle et Perrier		*		1	1
Plectaneia hildebrandtii K. Schum.			*	1	1
Tabernaemontana coffeoides Boj. ex A Dc.	*	*		4	2
Tabernaemontana sp.	*			4	1
Arecaceae (4)					
Dypsis sp.	*	*	*	1	1
Asclepiadaceae (4)					
Ceropegia sp.		*	*	5	1
Cynanchum eurychitoides K. Schum.	*			6	4
Marsdenia truncatula Jum. et Perr.	*			4	1
Pentatropis sp.			*	5	1
Bignoniaceae (4)					
Ophiocolea sp.	*			2	1
Canellaceae (4)					
Cinnamosma fragrans H. Bn.	*			1	1
Capparidaceae (6)					
Cleome tenella L. F.		*	*	4	1
Thilachium sp.	*			2	1

continued

	Site			Endémicité/ Endemism	
	Ankarokaroka	Tsimaloto	Antsiloky	Genre/ Genus	Espèce/Species
Celastraceae (6)					
Loeseneriella urceolus (Tul) N. var *urceolus*			*	5	1
Salacia madagascariensis Dc.	*			4	1
Combretaceae (4)					
Combretum sp.1	*			4	1
Combretum sp.2	*			4	1
Commelinaceae (6)					
Coleotrype synanthera H. Perr.	*	*	*	2	1
Commelina lyallii Clarck	*	*	*	4	1
Commelina madagascarica Clarke	*	*	*	4	1
Connaraceae (5)					
Agelaea pentagyna (Lamk) H. Bn.	*			5	1
Rourea orientalis H. Baill.	*			4	4
Convolvulaceae (6)					
Ipomea pervillei Clarke			*	4	1
Ipomea sp.	*	*		4	1
Cucurbitaceae (4)					
Cucumus sativus L.	*	*	*	4	4
Kedrostis elongata Keraudren	*			5	1
Trichomeriopsis diversifolia Cogn.	*			1	1
Tricyclandra leandrii Keraundren	*			1	1
Zehneria madagascariensis Keraudren	*			5	1
Cyperaceae (6)					
Bulbostylis psammophila Cherm.		*	*	4	1
Bulbostylis sp.		*	*	4	1
Cyperus cf betafensis Cherm.	*	*	*	4	1
Cyperus sp.	*			4	1
Killingia erecta Schumach.	*			1	1
Pycreus pervillei Clarke		*	*	4	1
Davalliaceae (4)					
Oleandra madagascarica Bonap.		*		4	1
Dichapetalaceae (6)					
Dichapetalum bojeri (Tul) Engler	*		*	4	1
Dichapetalum hirtum Descoings	*			4	1
Dichapetalum sp.	*			4	1
Dilleniaceae (4)					
Tetracera madagascariensis H. Perr.		*		4	1
Dioscoreaceae (4)					
Anthericum sofiense H. Perr.	*			6	1
Dioscorea bemarivensis			*	4	1

continued

	Site			Endémicité/ Endemism	
	Ankarokaroka	Tsimaloto	Antsiloky	Genre/ Genus	Espèce/Species
Dioscorea bulbifera L.	*			4	4
Dioscorea maciba Jum et Perr.	*	*	*	4	1
Dioscorea soso Jum et Perr.	*	*	*	4	1
Erythroxylaceae (4)					
Erythroxylon corymbosum Boiv ex H. Bn.		*		4	1
Erythroxylon nitidulum Baker		*		4	1
Euphorbiaceae (6)					
Acalypha reticulata (Poir.) Muell. Arg.	*			4	2
Bridelia pervilleana H.Bn.	*			5	
Croton boinensis Leandri		*		4	1
Croton danguiajana Leandri		*		4	1
Croton sp.1	*			4	1
Dalechampia chlorocephala M. Denis	*			4	1
Euphorbia aff *ankaranae* Leandri		*	*	6	1
Euphorbia paubiani Wish & Leandri		*	*	6	1
Euphorbia pedilantoides Denis		*		6	1
Euphorbia prostrata Ait.			*	6	1
Euphorbia sp.		*		6	1
Phyllantus erythroxyloides Mull Arg.	*			4	1
Phyllantus niruri L.	*			4	4
Fabaceae (6)					
Abrus aureus R. *viguieri* ssp. *aureus*			*	5	5
Abrus precatorius L.	*			5	5
Baphia capparidifolia Baker	*	*	*	2	1
Clitoria lasciva Boj. ex Benth.	*			4	1
Dalbergia sp.		*		4	1
Desmodium adscendens (Sw) D.C.	*		*	4	2
Dichrostachys sp.	*			4	1
Gagnebina commersonnia (Baillon) R. Vig.	*			2	1
Indigofera kirkii Olivier		*	*	4	1
Indigofera leucoclada Baker	*			4	1
Mucuna pruriens (L.) Dc.	*			4	4
Ophrestia lyalii (Benth) Verdc.	*			5	1
Rhynchosia sp.	*			4	1
Flacourtiaceae (4)					
Homalium sp.	*			4	1
Hypocrateaceae (4)					
Hippocratea boinensis H. Perr.		*		4	1

continued

	Site			Endémicité/ Endemism	
	Ankarokaroka	Tsimaloto	Antsiloky	Genre/ Genus	Espèce/Species
Icacinaceae (6)					
Iodes globulifera H. Perr.	*			5	1
Pyrenacantha sp.	*			5	1
Lamiaceae (6)					
Plectranthus sp.	*			5	1
Leeaceae (5)					
Leea guineensis G. Don	*	*	*	5	4
Liliaceae (6)					
Dipcardi heterocuspe Bak.			*	6	1
Gloriosa virescens Lindley	*			5	3
Herreriopsis elegans H. Perr.	*			2	1
Loganiaceae (4)					
Mostuaea brunonis Didrichsen		*		4	4
Strychnos floribunda Gilg.		*	*	5	4
Strychnos myrtoides Gilg et Busse		*		5	2
Strychnos potatortum Linne	*			5	5
Loranthaceae (6)					
Viscum myriophebium Baker var *flabellifolium* S. Ball		*	*	6	1
Malvaceae (6)					
Hibiscus sp.	*			6	1
Melastomataceae (4)					
Tristema virusianum Caum.			*	3	2
Meliaceae (5)					
Astrotrichilia asterotrichia (Radlk) Cheek	*			1	1
Malleastrum gracile J.F. Leroy	*			2	1
Menispermaceae (4)					
Anisocyclea grandidieri H. Bn.	*	*	*	4	1
Cissampelos pareira L.	*	*	*	4	4
inconnu	*				
Moraceae (5)					
Bosqueia sp.	*	*		3	1
Mousse (6)					
Usnea barbata			*	6	1
Oleaceae (6)					
Noronhia boinensis H. Perr.		*		1	1
Opiliaceae (4)					
Rhopalopilia madagascariensis	*			3	1

continued

	Site			Endémicité/ Endemism	
	Ankarokaroka	Tsimaloto	Antsiloky	Genre/ Genus	Espèce/Species
Orchidaceae (6)					
Cynosorchis fastigiata Th.		*	*	2	1
Habenaria nigricans Schltr.	*			4	1
Lissochilus beravensis	*	*	*	4	1
Lissochilus decaryanus H. Perr.		*	*	4	1
Lissochilus lokobensis H. Perr.		*		4	1
Lissochilus ramosus			*	4	1
Lissochilus sp.		*		4	1
Neobathiae perrieri Schltr.			*	1	1
Nervilia sakoae Jum et Perr.	*	*	*	5	1
Polystachya sp.	*	*	*	4	1
Passifloraceae (6)					
Adenia olaboensis Clarverie	*	*	*	4	1
Adenia perrieri Clarverie	*	*	*	4	1
Adenia refracta Schinz	*	*	*	4	1
Adenia sphaerocarpa Claverie		*		4	1
Piperaceae (4)					
Piper sp.			*	4	1
Poaceae (6)					
Brachiaria beravinensis A. Camus		*		4	1
Epallage dentata D.C. *var boinensis* (H. Humb.) H.			*	4	1
Lepturus humbertianus A. Camus		*		5	1
Lepturus sp.	*			5	1
Olyra latifolia		*	*	4	4
Oplismenus sp.	*			4	4
Panicum glanduliferum Schum.		*		4	1
Panicum hiridum Hack.			*	4	1
Panicum ivalatum Stapf	*	*	*	4	1
Panicum parvifolium Lamk.			*	4	1
Panicum sp.	*			4	1
Setaria barbata (lamk) Kunth	*			4	4
Setaria humbertiana A. Camus		*		4	1
Setaria sp.	*			4	1
Polygalaceae (6)					
Polygala schoenlankii Hoffm et Hild		*		6	1
Pteridophytes (6)					
Hypodematium crenatum (Forsk) Kuhn			*	4	4
Ranunculaceae (6)					
Clematis ibarensis Bak.	*			6	1

continued

	Site			Endémicité/ Endemism	
	Ankarokaroka	Tsimaloto	Antsiloky	Genre/ Genus	Espèce/Species
Rhamnaceae (6)					
Gouania laxiflora Tul.	*		*	4	1
Gouania lineata Tul.	*			4	1
Rubiaceae (6)					
Canthium sp.	*			5	1
Coffea sp.	*			5	1
Gardenia sp.		*		5	1
Oldenlandia sp.	*	*	*	4	1
Paederia sp.	*			4	4
Pentas sp.		*		4	1
Richardia sp.		*	*	4	1
Sapindaceae (6)					
Allophylus cobbe blume "dissectus"	*	*	*	4	4
Deinbollia boinensis R. Cap.	*	*	*	3	1
Deinbollia borbonica Scheff *fa. arenicola* R. Cap.		*		3	3
Doratoxylon chouxi R. Cap.	*			2	1
Macphersonia gracilis O. Hoffm.	*			2	1
Schizeaceae (6)					
Lygodium kerstenii Kuhn	*			4	4
Selaginellaceae (6)					
Selaginella digitata Spring		*	*	4	1
Selaginella sempervirens		*	*	4	1
Solanaceae (6)					
Solanum sp.		*		6	1
Sterculiaceae (5)					
Byttneria biloba Hr. Bn.	*	*	*	4	1
Melochia betsiliensis Baker	*			4	1
Taccaceae (4)					
Tacca leontopetaloides (L.) O. Kuntze	*	*		4	4
Thelypteridaceae (6)					
Thelypteris bergiana (Schlecht) Tard.			*	6	4
Verbenaceae (6)					
Clerodendron paucidentatum Moldenke	*			4	1
Vitex cf *lobata* Moldenke		*		6	1
Vitex sp.	*			6	1

continued

	Site			Endémicité/ Endemism	
	Ankarokaroka	Tsimaloto	Antsiloky	Genre/ Genus	Espèce/Species
Vitaceae (4)					
Cayratia triternata (Bak) Descoinsis H.Perr.	*	*		5	1
Cissus ambongensis Descoings	*	*	*	4	1
Cissus rhodotricha (Bak) Descoings	*			4	1
Cissus sp. 1	*		*	4	1
Cissus sp. 2	*	*	*	4	1

Annexe 3 Micromammifères rencontrés ou capturés dans la Réserve Naturelle Intégrale d'Ankarafantsika

Appendix 3 Small Mammals encountered or caught in the Réserve Naturelle Intégrale d'Ankarafantsika

Daniel Rakotondravony, Volomboahangy Randrianjafy et Steven M. Goodman

Sites	Ankarokaroka				Tsimaloto				Antsiloky				Total
Habitats	1	2	3	4	5	6	7	8	10	11	13	14	
Rodentia													
Eliurus "myoxinus"		2	2		2	2			1*		1		10
Eliurus minor		2						1				*	3
Eliurus "sp. 1"**					1								1
Eliurus "sp. 2"**					1								1
Macrotarsomys ingens					2	2			1			1	6
Rattus rattus		2	1	1				1	1		1		7
Mus musculus		1											1
Insectivora													
Tenrec ecaudatus	2				*							*	2
Setifer setosus	1	1					1						3
Microgale brevicaudata	2				8	3	1		5	2			21
Geogale aurita										1			1
Suncus madagascariensis	2	2			2		3		1	1			11
Suncus murinus	2												2
Chiroptera													
Hipposideros commersoni									3				3
Total Capturés/Total Captures	9	10	3	1	14	9	5	2	12	4	2	1	66
No. Spp.	5	6	2	1	5	5	3	2	6	3	2	3	14

* animaux observés mais non captures
animals observed but not caught

** Une étude récente de toutes les grandes espèces d'*Eliurus* a conduit à la conclusion que le *Eliurus* "sp. 1" et le *Eliurus* "sp. 2" sont les deux qui peuvent être référrés au *E. myoxinus* (Carleton et al. 2001).
A recent study of all large species of *Eliurus* has concluded that *Eliurus* sp. 1 and *Eliurus* sp. 2 are both referable to *E. myoxinus* (Carleton et al. 2001).

Annexe 4 Espèces d'oiseaux répertoriées dans trois sites de la Réserve Naturelle Intégrale d'Ankarafantsika, Madagascar

Appendix 4 Bird species recorded at three sites in the Réserve Naturelle Intégrale d'Ankarafantsika, Madagascar

Thomas S. Schulenberg et Harison Randrianasolo

Nomenclature basée essentiellement sur le travail de Morris et Hawkins (1998); Nous utilisons *Otus madagascariensis* (plutôt que *O. rutilus*) en accord avec Rasmussen et al. (2000) et *Berniera* plutôt que *Phyllastrephus* en accord avec Cibois et al. (2001).

Nomenclature largely based on Morris and Hawkins (1998); use of *Otus madagascariensis* (rather than *O. rutilus*) follows Rasmussen et al. 2000, and use of *Bernieria* (rather than *Phyllastrephus*) follows Cibois et al. (2001).

Clé pour les données sur les oiseaux

HABITATS

Fh	Forêt (gallerie) humide
Fx	Forêt xérophyte
Fe	Lisière
Xs	Fourré xérophyte
S	Savanne
O	En vol
A	Habitats aquatiques (bords de lacs, ruisseaux et rivières)

ABONDANCE

F	Assez commun
U	Peu commun
R	Rare

EVIDENCE

sp	Spécimen
t	Cassette audio
si	Espèce identifiée de vue ou d'oreille
ph	Photographies

Codes for avian data

HABITATS

Fh	Humid (riverine) forest
Fx	Xerophytic forest
Fe	Forest edge
Xs	Xerophytic scrub
S	Savanna
O	Overhead
A	Aquatic habitats (margins of lakes, steams and rivers)

ABUNDANCE

F	Fairly common
U	Uncommon
R	Rare

EVIDENCE

sp	Specimen
t	Tape
si	Species identification by sight or sound
ph	Photograph

Taxa	Habitats	Ankarakaroka	Tsimaloto	Antsiloky	Evidence
Anhingidae (1)					
Anhinga rufa	A		R	R	si
Ardeidae (2)					
Nycticorax nycticorax	A		F	U	t
Ardea cinerea	A		R	R	
Threskiornithidae (1)					
Lophotibis cristata	Fh, Fx	U	R	R	t
Anatidae (1)					
Dendrocygna viduata	A		U		si
Accipitridae (6)					
Milvus migrans	S	U			si
Haliaeetus vociferoides	A		R		si
Polyboroides radiatus	O	U	R	R	t
Accipiter francesii	Fh, Fx	U	R	R	si
Accipiter henstii	Fh, Fx			R	t
Buteo brachypterus	O	U	U	R	T
Falconidae (3)					
Falco newtoni	Fe, S	U			si
Falco zoniventris	Fe, Fx	R		R	si
Falco concolor	O		R		si
Phasianidae (3)					
Margaroperdix madagascarensis	Xs		R		si
Numida meleagris	Fe, S	U	R		si
Coturnix delegorguei	Fe	R			si
Mesitornithidae (1)					
Mesitornis variegata	Fx, Fh	U	F	F	t
Turnicidae (1)					
Turnix nigricollis	Fx, Fh, S, Xs	F	F	U	t?
Rallidae (1)					
Dryolimnas cuvieri	A	U	F	U	t?
Pteroclidae (1)					
Pterocles personatus	O	R			si
Columbidae (3)					
Streptopelia picturata	Fh, Fx	F	F	F	t
Oena capensis	Xs, Fe	F	F	F	t
Treron australis	Fh	U	U		si
Psittacidae (2)					
Coracopsis nigra	Fh, Fx, Fe	F	F	F	t
Agapornis cana	S, Fe	F	F	F	t
Cuculidae (5)					
Cuculus rochii	Fh, Fx	F	F	F	t
Coua coquereli	Fx, Xs?	F	U	F	sp, t
Coua ruficeps	Fh, Fx, Xs	U	F	F	t
Coua cristata	Fh, Fx	F	F	F	t
Centropus toulou	Fh, Fx, Fe	F	F	F	t
Tytonidae (1)					
Tyto alba	Fe	U			si
Strigidae (2)					
Otus madagascariensis	Fh, Fx	F	F	F	t
Ninox superciliaris	Fx	U			t, ph
Caprimulgidae (1)					
Caprimulgus madagascariensis	Fx, S	U	F	F	t

continued

Taxa	Habitats	Ankarakaroka	Tsimaloto	Antsiloky	Evidence
Apodidae (1)					
Cypsiurus parvus	O	F	U		si
Alcedinidae (2)					
Alcedo vintsioides	A	U	U	U	si
Ispidina madagascariensis	Fh	U	U	R	t, ph
Meropidae (1)					
Merops superciliosus	S, Fe, O	F	F	U	t?
Coracidae (1)					
Eurystomus glaucurus	Fe, S, O	U	U	F	t
Leptosomatidae (1)					
Leptosomus discolor	Fh	F	U	F	t
Upupidae (1)					
Upupa epops	Fx	F	F	F	t
Philepitidae (1)					
Philepitta schlegeli	Fh	R	U	U	t
Alaudinidae (1)					
Mirafra hova	S	F	F	U	t
Hirundinidae (1)					
Phedina borbonica	S		F		si
Campephagidae (1)					
Coracina cinerea	Fh, Fx	F	F	F	t
Pycnonotidae (1)					
Hypsipetes madagascariensis	Fh, Fx	F	F	F	t
Turdidae (1)					
Copsychus albospecularis	Fh, Fx	F	F	F	t
Sylviidae (5)					
Nesillas typica	Fe, Xs	F		F	t
Cisticola cherina	S	F		F	si (t ?)
Newtonia brunneicauda	Fh, Fx	F	F	F	t
Bernieria madagascariensis	Fh, Fx	F	F	F	t
Neomixis tenella	Fh, Fx	F	F	F	t
Monarchidae (1)					
Terpsiphone mutata	Fh, Fx	F	F	F	t
Nectariniidae (2)					
Nectarinia souimanga	Fh, Fx	F	F	F	t
Nectarinia notata	Fh	U	F	F	t
Zosteropidae (1)					
Zosterops maderaspatana	Fh	F	F	F	t
Vangidae (8)					
Schetba rufa	Fh, Fx	F	U	F	t
Vanga curvirostris	Fh, Fx	U	R	F	t
Xenopirostris damii	Fx			U	t
Falculea palliata	Fh, Fx	U	R	R	t
Artamella viridis	Fh, Fx	U	R	U	t
Leptopterus chabert	Fh, Fx, Xs	U	U	U	t
Cyanolanius madagascarinus	Fx, Fh	U	U	F	t
Tylas eduardi	Fh	R			si

continued

Taxa	Habitats	Ankarakaroka	Tsimaloto	Antsiloky	Evidence
Dicruridae (1)					
Dicrurus forficatus	Fh, Fx	F	F	F	t
Ploceidae (3)					
Ploceus sakalava	Fe, Xs		F	R	t
Foudia madagascariensis	Fe, Xs	F	F	F	t
Lonchura nana	Fe			R	si
Total number of species		57	56	54	
Number of forest species		39	35	38	

Annexe 5

Espèces de reptiles et d'amphibiens inventoriées dans la Réserve Naturelle Intégrale d'Ankarafantsika, Madagascar et habitats où elles ont été observées

Appendix 5

Reptile and amphibian species inventoried in the Réserve Naturelle Intégrale d'Ankarafantsika, Madagascar and habitats in which they occurred

Jean Baptiste Ramanamanjato et Nirhy Rabibisoa

Ankarokaroka

a = forêt dense sèche primaire dégradée sur les bas-versants et la vallées;
primary dry forest disturbed on the lower slopes and the valley;

b = forêt secondaire sur les bas-versants et la vallée;
secondary forest on the lower slopes and the valley;

c = forêt sèche caducifoliée sur les plateaux (formation primaire sur sable, perturbée par le surpâturage);
deciduous dry forest on ridge-tops (primary formation on sand, overgrazed);

d = savane arbustive de part et d'autre de la route d'Andranofasika;
wooded savanna on each side of Andranofasika road.

Tsimaloto

a = forêt dense sèche à grands arbres, plus ou moins intacte sur vallée et bas versant;
tall dry forest, more or less intact, on the lower slopes and the valley;

c = forêt dense sèche sur les plateaux et les versants;
dry forest on ridge-tops and slopes;

e = forêt ripicole;
swamp forest;

f = forêt xérophytique;
xerophytic forest.

Antsiloky

a = forêt dense sèche à grands arbres dans la vallée;
tall dry forest in the valley;

b = formation secondaire très dégradée;
heavily disturbed secondary forest;

c = forêt dense sèche sur plateau et versant;
dry forest on ridge-tops and slopes;

e = forêt marécageuse ripicole;
swamp forest;

f = formation xérophytique;
xerophytic forest.

Le nombre d'individus capturés dans les pièges à fosse est indiqué entre parenthèses. Endémicité: locale (L), régionale (R).

The number of individuals caught in pitfall traps is indicated in parentheses. Endemism: local (L), regional (R).

		Ankarokaroka	Tsimaloto	Antsiloky	Total (no. ind.)	Endémicité/ Endemism
SERPENTES/REPTILIA						
Colubridae						
1	*Leioheterodon madagascariensis*	b, d	a	b		
2	*Leioheterodon modestus*	d	-	-		
3	*Liophidium vaillanti*	d	f	b		
4	*Liophidium torquatum*	-	a	e		
5	*Liopholidophis lateralis*	d	-	a		
6	*Stenophis arctifasciatus*	-	c	-		
7	*Stenophis* sp.	-	c	e		
8	*Dromicodryas bernieri*	b	e	-		
9	*Madagascarophis colubrinus*	a, c	a, c	b		
10	*Alluaudina* sp.	-	-	e		L
11	*Ithycyphus miniatus*	-	c	-		
12	*Pseudoxyrhopus quinquelineatus*	-	a	-		
13	*Mimophis mahfalensis*	a, b, d	c, f	b, f		
Boidae						
14	*Boa manditra*	a	-	-		
15	*Boa madagascariensis*	-	a	a		
Typhlopidae						
16	*Typhlops* sp. 1	a (1)	-	-	(1)	
17	*Typhlops* sp. 2	a (1)	-	-	(1)	
18	*Typhlops decorsei*	-	a (1)	-	(1)	
Sauria Chamaeleonidae						
19	*Brookesia brygooi*	c	-	-		R
20	*Brookesia decaryi*	-	a	a		L
21	*Furcifer rhinoceratus*	a, c	a, c	a, c		L
22	*Furcifer angeli*	c	-	-		R
23	*Furcifer oustalet*	b, d (1)	e, f	b	(1)	

continued

		Ankarokaroka	Tsimaloto	Antsiloky	Total (no. ind.)	Endémicité/ Endemism
Gekkonidae						
24	*Phelsuma madagascariensis kochi*	b, d	e, c	b, e		R
25	*Phelsuma lineata bombetokensis*	-	-	e		R
26	*Phelsuma mutabilis*	c	c	-		
27	*Uroplatus guentheri*	a, c	c	c		R
28	*Uroplatus henkeli*	-	a	e		
29	*Lygodactylus tolampyae*	a	c	c, f		
30	*Lygodactylus* sp.	-	c, f	e		
31	*Geckolepis maculata*	-	a, c (1)	c	(1)	
32	*Geckolepis polylepis*	-	c	c		
33	*Paroedura* sp.	-	f	c, f (1)	(1)	L
34	*Paroedura stumpffi*	-	c	c		R
35	*Paroedura oviceps*	c	c	c		
36	*Homopholis sakalava*	a, b, c,	c	c		
Gerrhosauridae						
37	*Zonosaurus laticaudatus*	b	a, e (1)	b, e (1)	(2)	
Opluridae						
38	*Oplurus cuvieri*	d	c, f	c, f		R
39	*Oplurus cyclurus*	-	f	f (1)	(1)	
Scincidae						
40	*Mabuya elegans*	d	c, f (8)	c, f (23)	(31)	
41	*Amphiglossus intermedius*	a (11)	c, f (12)	c, f (7)	(30)	
42	*Amphiglossus waterloti*	-	-	e		
43	*Pygomeles petteri*	d	-	-		L
44	*Voeltzkowia mira*	-	c (1)	-	(1)	L
45	*Voeltzkowia* sp.	-	c, f	f		L
Crocodylia Crocodylidae						
46	*Crocodylus niloticus*	-	e	e		
Testudine Pelomedusidae						
47	*Pelusios castanoides*	b	-	e		
Subtotal: no. spp. (no. ind.)		**26 (13)**	**35 (25)**	**33 (33)**	**47 (71)**	
AMPHIBIA						
Anura Ranidae						
48	*Ptychadena mascareniensis*	b	a, f (3)	b	(3)	
49	*Tomopterna labrosa*	b, c (314)	c, f (6)	b	(320)	

continued

		Ankarokaroka	Tsimaloto	Antsiloky	Total (no. ind.)	Endémicité/ Endemism
Rhacophoridae						
50	*Boophis tephraeomystax*	-	-	b		
51	*Boophis* sp.	-	e	e		L
52	*Mantella betsileo*	a	c (1)	-	(1)	
53	*Mantidactylus ulcerosus*	-	e	e (1)	(1)	
54	*Mantidactylus wittei*	a	e	e		
Microhylidae						
55	*Scaphiophryne calcarata*	b (22)	f (2)	c (3)	(27)	
56	*Dyscophus insularis*	b (150)[1]	-	-	(150)	
57	*Stumpffia* sp.	b (1)	c (21)	b (7)	(29)	L
Hyperoliidae						
58	*Heterixalus luteostriatus*	-	e	-		R
59	*Heterixalus tricolor*	-	-	e		R
Subtotal: no. spp. (no. ind.)		7 (487)	9 (33)	9 (11)	12 (531)	
Total: Reptilia + Amphibia		33 (500)	44 (58)	42 (44)	59 (602)	

[1] 142 of them as juveniles; dont 142 juvéniles

Annexe 6

Cicindèles collectées dans les divers habitats prospectés de la Réserve Naturelle Intégrale d'Ankarafantsika

Appendix 6

Tiger beetles collected in various habitats of the Réserve Naturelle Intégrale d'Ankarafantsika

Lanto Andriamampianina

Le nombre d'individus collectées est indiqué.
The number of individuals collected is indicated.

Espèces	Ankarokaroka					Tsimaloto					Antsiloky				
	A1	A2	A3	A4	A5	T1	T2	T3	T4	T5	K1	K2	K3	K4	K5
Ambalia aberrans		8	1		1		1								7
Chaetodera perrieri	8			6	33							4			
Chaetotaxis descarpentriesi			1											4	2
Hipparidium clavator	5	1	25	3			14		1	3	5		2	5	
Lophyra abbreviata	7	7		15	14										
Pogonostoma cyanescens	9	2	5	2			2		9	1	1		3	9	
Pogonostoma subtiligrossa	3	2		4	1		4		3	4			3		
Pogonostoma elegans							2		3	2				5	
Pogonostoma laportei														4	
Pogonostoma fleutiauxi													2		
Stenocosmia angustata								2							
Total ind.	32	20	32	30	49	0	23	2	16	10	6	4	10	27	9
Total spp.	5	5	4	5	4	0	5	1	4	4	2	1	4	5	2